·高等学校计算机基础教育教材精选·

大学计算机基础（文科）实践教程

杨冰 任强 袁佳乐 编著

清华大学出版社
北京

内容简介

本书是根据教育部高等教育司组织制订的《高等学校文科类专业大学计算机教学基本要求》2008年第5版，并参照《全国计算机等级考试大纲》（一级）的考试内容编写的。本书是《大学计算机基础（文科）》（清华大学出版社出版）的配套辅助教材，全书内容包括计算机基础知识、中文版 Windows XP、文字处理软件 Word 2003、电子表格处理软件 Excel 2003、演示文稿制作软件 PowerPoint 2003、数据库管理软件 Access 2003、计算机网络基础及应用、图像处理软件 Photoshop、动画制作软件 Flash 和 Dreamweaver 网页设计基础，并从案例、实验的角度出发对主教材进行辅助讲解。

本书适合高等学校文科各类专业（包括哲学、经济学、法学、教育学、文学、历史学和管理学）计算机公共基础课教学使用，还可作为全国计算机等级考试（一级）的培训教材以及办公人员的自学教材。

图书在版编目（CIP）数据

大学计算机基础（文科）实践教程 / 杨冰，任强，袁佳乐编著. —北京： 清华大学出版社，2011.3
（高等学校计算机基础教育教材精选）
ISBN 978-7-302-24655-8

Ⅰ. ①大… Ⅱ. ①杨… ②任… ③袁… Ⅲ. ①电子计算机－高等学校－教材 Ⅳ. ①TP3

中国版本图书馆 CIP 数据核字（2011）第 014670 号

责任编辑：张 民 赵晓宁
责任校对：焦丽丽
责任印制：李红英

出版发行：清华大学出版社
http://www.tup.com.cn
社 总 机：010-62770175
地 址：北京清华大学学研大厦 A 座
邮 编：100084
邮 购：010-62786544
投稿与读者服务：010-62795954，jsjjc@tup.tsinghua.edu.cn
质 量 反 馈：010-62772015，zhiliang@tup.tsinghua.edu.cn
印 装 者：北京鑫海金澳胶印有限公司
经 销：全国新华书店
开 本：185×260 **印 张**：10.75 **字 数**：247 千字
版 次：2011 年 3 月第 1 版 **印 次**：2011 年 3 月第 1 次印刷
印 数：1～4000
定 价：19.00 元

产品编号：039169-01

前言

据统计,在高校中非计算机专业学生占全体学生的95%以上,其中文科类学生又占了相当一部分,对这部分文科学生进行大学计算机基础教育是提高高等学校教学质量的重要组成部分。本书的教学内容是根据《高等学校文科类专业大学计算机教学基本要求》2008年第5版,并参照《全国计算机等级考试大纲》(一级)的考试内容编写的。通过"大学计算机基础"的学习,希望文科学生能够达到以下要求:

- 掌握计算机的基础知识,熟悉计算机的典型应用。
- 熟练掌握Windows操作系统的使用。
- 熟练掌握常用办公软件的使用。
- 了解掌握数据库的基本使用。
- 熟练掌握Internet的基本应用。
- 了解掌握常用多媒体工具软件的使用。
- 了解掌握网页设计工具的使用。

全书与主教材一样分为10章,每章内容都从案例、实验的角度出发对主教材中的重点知识进行详细的解读,以帮助读者更好地对相关知识进行理解和操作。每章内容基本均以实验指导为主,强调通过重视实验练习,强化读者的计算机操作技能,提高计算机操作水平。第1章以总结计算机的基础知识要点、指法练习为主;第2章介绍中文版Windows XP,主要内容包括窗口及菜单的基本操作、文件及文件夹的管理;第3章介绍文字处理软件Word 2003,主要内容包括文档的建立、编辑、版面设计和表格处理等基本操作;第4章介绍电子表格处理软件Excel 2003,主要内容包括工作表的建立和管理、公式与函数的使用、图表制作和数据库功能介绍;第5章介绍演示文稿制作软件PowerPoint 2003,主要内容包括幻灯片的版式设计、背景、模板、动画、切换和放映;第6章介绍数据库管理软件Access 2003,主要内容包括数据库和表的基本操作、查询、窗体和报表的基本操作;第7章主要介绍Internet应用;第8章介绍图像处理软件Photoshop,主要内容包括选区、路径、填充、色彩、图层的基本操作;第9章介绍动画制作软件Flash,主要内容包括基本图形的绘制、时间轴、图层和帧的概念、元件应用、创建动画;第10章介绍Dreamweaver网页设计基础,主要内容包括网页文本处理、网页图像的添加与处理、多媒体对象的添加和设置、创建网页链接。

本书作者都是工作在计算机基础课程教育教学一线的教师,对计算机初学者的思维习惯和学习特点有深刻的了解,这些教师熟悉计算机基础课程的特点,熟悉全国计算机等级考试的大纲，有深厚的教学经验。在全书的编写过程中，能够把平时积累的教学经验和体会融入到书中的各个部分，让读者在学习主教材的过程中得到最大的帮助。

本书第1、第4、第5和第9章由杨冰编写，第2、第3和第6章由任强编写，第7、第8和第10章由袁佳乐编写，杨冰负责统稿。

由于作者认识水平的局限，书中难免有不足之处，敬请同行和读者批评指正。

编　者

2010年12月

目录

第 1 章 计算机基础概论

【本章知识要点】

1. 计算机中进位计数制

进位计数制(位置计数制)：把数划分为不同的数位，逐位累加，当加到一定数量之后，该位再从 0 开始，同时向高位进位。

进位基数：计数制中每个数位可以使用的数码符号的个数，也称为进位模数。

权：进位计数制中每位数码符号为 1 时所表示的数值。

二进制：逢二进一，数码有 0、1，权值为 2^i。

八进制：逢八进一，数码有 0、1、2、3、4、5、6、7，权值为 8^i。

十进制：逢十进一，数码有 0～9，权值为 10^i。

十六进制：逢十六进一，数码有 0～9 10 个数符和 A、B、C、D、E、F，权值为 16^i。

各种进制之间的转换如下图所示。

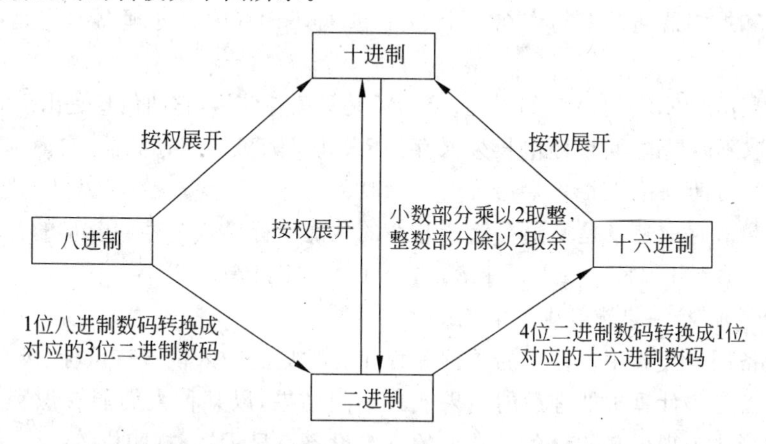

2. 计算机中各科信息的表示方法

1) BCD 码

BCD(Binary Coded Decimal)码是一种表示十进制数的编码，它用 4 位二进制数表示一位十进制数。在众多的 BCD 码方案中，最常用的 BCD 码是 8421 码。

例如，5 的 8421 BCD 码是 0101，9 的 8421 BCD 码是 1001。

2) ASCII 码

ASCII 码(American Standard Code for Information Interchange，美国标准信息交换代码)原来是美国的国家标准，1967 年被定为国际标准。它由 8 位二进制数组成，其中最高位为校验位，用于传输过程检验数据正确性。其余 7 位二进制数表示一个字符，共有 128 种组合。比如，A 的 ASCII 码为 1000001（十进制的 65），a 的 ASCII 码为 1100001（十进制的 97）。

3）汉字编码

国标码是国家标准信息交换用汉字编码 GB2312-80 所规定的机器内部编码。一个汉字用两个字节表示，每个字节也只用其中的 7 位，可以涵盖一、二级汉字和符号。通常，每个汉字用 4 位十六进制数字来表示。为了避免 ASCII 码和国标码同时使用时产生二义性问题，大部分汉字系统一般都采用将国标码每个字节高位置"1"作为汉字机内码。因此，机内码也叫异形国标码。将国标码转换为机内码，只需将国标码每个字节的最高位置 1 即可。写成公式就是：

国标码＋8080H＝机内码

3. 计算机硬件系统的基本组成

一个完整的计算机系统由计算机硬件系统和软件系统两大部分组成。

计算机硬件是指计算机系统中电子的、机械的各种设备的总称。计算机硬件系统由运算器、控制器、存储器、输入设备和输出设备 5 大部件组成。

运算器（ALU）负责进行算术运算和逻辑运算，同时具备存数、取数、移位和比较等功能，它由电子电路构成，是对数据进行加工处理的部件。

控制器（CU）是 CPU 的核心，它从存储器中取出指令，然后按照指令来控制计算机的其他部件统一协调地工作。

运算器和控制器通常都制作在一个芯片上，即 CPU（中央处理器），它是整个计算机的核心。

存储器是由 ROM 和 RAM 组成的。ROM 是只读存储器，它的信息是出厂时就写好的，用户只能读取不能更改，可以断电长久保存。RAM 是随机访问存储器，它内部的信息用户可以读取和改写，但是信息断电后会丢失。一般所说的内存容量是指 RAM 的容量。

存储容量和存取速度是衡量存储器好坏的性能指标。其中存储容量的基本单位是字节（Byte，B），1B＝8b，1KB＝2^{10}B＝1024B，1MB＝2^{20}B，1GB＝2^{30}B。

CPU 和存储器一起就组成了主机。

输入设备用来接收用户输入的数据和程序。常见的输入设备有鼠标、键盘等。

输出设备是将计算机处理后的结果或者中间结果，以某种人们能够识别或者其他设备所需要的形式表现出来的设备。常见的输出设备有显示器、打印机等。

输入设备和输出设备又统称为外部设备或外围设备，简称外设。

4. 计算机软件的分类

计算机软件是指计算机系统中的程序及其相关文档。

计算机的软件可以分为：

（1）系统软件。指管理、控制和维护计算机硬件和软件资源的软件，它的功能是协调计算机各部件有效工作或使计算机具备解决问题的能力。系统软件主要包括操作系统、程序设计语言、解释和编译系统、数据库管理系统等。

常见的操作系统有DOS、Linux、Windows、UNIX和Mac OS X等。程序设计语言有C语言、C++和Java等。数据库管理系统有Access、SQL Server和Oracle等。

(2) 应用软件。是指用户利用计算机及其提供的系统软件为解决各种实际问题而编制的计算机程序。应用软件是面向应用领域、面向用户的软件，主要包括科学计算软件包、字处理软件、辅助软件、辅助工程软件、图形软件和工具软件等。

常用的办公软件有Office系列、辅助设计软件AutoCAD、图像处理软件Photoshop、浏览器软件IE、杀毒软件360和瑞星等。

5. 多媒体的概念

多媒体(Multimedia)是指在计算机系统中，组合两种或两种以上媒体的一种人机交互式信息交流。使用的媒体包括文字、图片、照片、声音（包含音乐、语音旁白、特殊音效）、动画和影片。而多媒体技术是指能够交互地综合处理不同媒体(文字、声音、图形、图像和视频)的信息处理技术。多媒体使计算机大大拓展了在信息领域中的应用范围。人们对信息的利用也从顺序、单调、被动的形式转变为复杂、多维、主动的形式，人们获取信息和利用信息的手段不断增强。

6. 计算机病毒及其特点

计算机病毒是人为编制的程序，能够自我复制，会将自己的病毒码依附在其他程序上，通过其他程序的执行伺机传播病毒程序，有一定潜伏期，一旦条件成熟，便进行各种破坏活动，影响计算机使用。它具有潜伏性、传染性和破坏性的特点。

计算机病毒可以分为三类：

1) 引导型病毒

破坏计算机的系统文件，破坏计算机的主引导记录，使计算机无法正常启动。

2) 文件型病毒

用于破坏计算机中的文件，特别是可执行文件，它会删除或更改计算机的文件。

3) 网络型病毒

通过网络进行广泛传播的病毒，会对用户的计算机文件和系统进行破坏，同时也会加剧网络的负担。

对于计算机病毒，应该采取“预防为主”的措施。

(1) 不要使用不知底细的磁盘和盗版光盘，对于外来U盘，必须进行病毒检测处理后才能使用。

(2) 系统中重要数据要定期备份。

(3) 定期对所使用的磁盘进行病毒的检测。

(4) 对于一些来历不明的邮件，应该先用杀毒软件检查一遍。

(5) 对于网络用户，必须遵守网络软件的规定和控制数据共享。

(6) 及时安装防病毒软件，对计算机进行实时防护。

主动预防计算机病毒可以大大遏制计算机病毒的传播和蔓延，但是目前还不可能完全预防计算机病毒。发现计算机病毒后可采用人工删除或使用杀毒软件进行清除。

7. 指法练习

使用计算机就必须得使用键盘，有了它我们才能够向计算机输入各种各样的数据和信息，也能够向计算机发布各种各样的命令，如果鼠标出了问题，还可以使用键盘来完成鼠标所具有的功能。掌握键盘的正确指法，可以养成良好的使用习惯，提高键盘的输入速度，使读者使用计算机更加得心应手。

1）键盘布局

首先了解一下键盘的结构，如图 1-1 所示。按功能划分，键盘总体上可分为 4 个大区，分别为功能键区、主键盘区、编辑键区和数字键区。

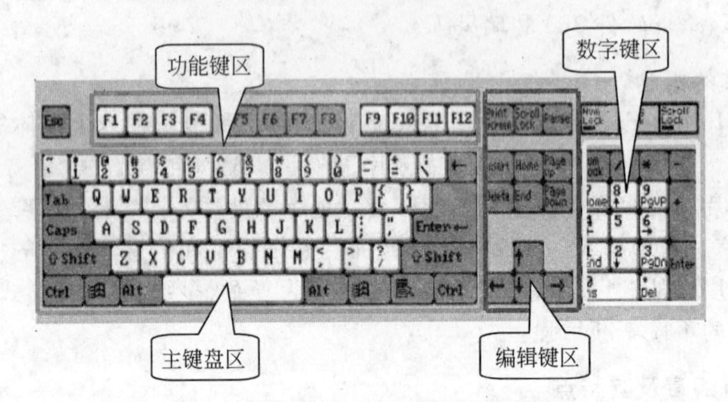

图 1-1　按键的分布

2）按键的功能

(1) 功能键区：F1～F12 键。

通常与 Alt 键和 Ctrl 键结合使用，实现软件的某项功能。

(2) 主键盘区。

① 空格键。

空格键是键盘上最长的键，按一下这个键，光标往右移动一个位置。

② Enter 键(回车键)。

按一下这个键，光标移到下面一行，就可以换到新的一行输入。人们在向计算机输入完命令之后，也用 Enter 键来确认执行命令。

③ Caps Lock 键(大小写字母转换键)。

在主键盘区的第三行最左端有一个标有 Caps Lock 字样的键。Caps Lock 键是切换大写字母和小写字母输入的开关，按一下此键，在键盘的右上角一个标有 Caps Lock 的指示灯就会亮，这时输入英文字母，显示出来的就是大写英文字母。

④ Shift 键(换挡键)。

在有些键的上面，上下两部分标了两个不同的字符，称为双符号键。按键的时候，输入的是下面那个字符。但如果要输入上面那个字符，应该按住 Shift 键再按双符号键，输入该键的上档字符。Shift 键也能进行大小写字母转换。

⑤ Backspace 键或←键(退格键)。

用来删除当前光标所在位置前的字符，且光标左移。

(3) 编辑键区。

① Delete 键(删除键)。

用来删除当前光标所在位置的字符，且光标右移。注意与退格键的区别。

② Page Up 键(向上翻页键)。

向前翻一页。在用拼音输入法输入汉字出现重码较多时就要用到这个键。

③ Page Down 键(向下翻页键)。

向后翻一页。

④ ↑、↓、←、→(光标移动键)。

(4) 小键盘区。

Num Lock 键(锁定键)。

按下这个键,键盘右上角一个标有 Num Lock 的指示灯就会亮,这个时候小键盘输入的是数字。再按一下这个键,则小键盘为功能键。

3) 打字输入

在打字的时候主要使用的是主键盘区,通过它可以实现各种文字和控制信息的输入。主键盘正中央有 8 个按键,被称为基本键,即 A、S、D、F、J、K、L、;键。其中 F、J 两个键上面有突出的小横杠,可以在盲打的时候用于触觉定位,如图 1-2 所示。

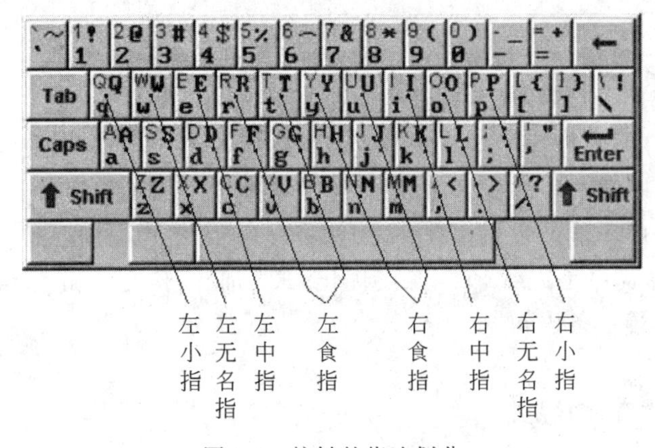

图 1-2　按键的指法划分

基本指法为:开始打字前,左手小指、无名指、中指和食指应分别虚放在 A、S、D、F 键上,右手的食指、中指、无名指和小指应分别虚放在 J、K、L、;键上,两个大拇指则虚放在空格键上。基本键是打字时手指所处的基准位置,击打其他任何键,手指都是从这里出发,而且打完后又须立即退回到基本键位。对于其他键,基本上是一个手指负责一列。左手食指负责的键位有 4、5、R、T、F、G、V、B 共 8 个键,中指负责 3、E、D、C 共 4 个键,无名指负责 2、W、S、X 键,小指负责 1、Q、A、Z 及其左边的所有键位。右手食指负责 6、7、Y、U、H、J、N、M 共 8 个键,中指负责 8、I、K、,共 4 个键,无名指负责 9、O、L、.键,小指负责 0、P、;、/及其右边的所有键位。如图 1-2 所示,这么划分使得整个键盘的手指分工就一清二楚了,击打任何键,只需把手指从基本键位移到相应的键上,正确输入后,再返回基本键位即可。

4) 练习

大家可以启动 Word 2003 软件,然后输入一篇文章进行练习,开始的时候不要追求速度,要讲究指法的正确性。也可以启动相应的打字练习软件来进行指法练习。

【典型例题分析】

1. 显示器最好远离________。

A. 电磁场　　B. 磁性物质　　C. 永磁铁　　D. A、B、C 选项都是

分析：显示器应该远离磁场，A、B、C 都有磁场。

答案：D。

2. 计算机硬件能直接识别和执行的只有________。

A. 高级语言　　B. 符号语言　　C. 汇编语言　　D. 机器语言

分析：机器语言是完全用 0、1 二进制位编写的语言。

答案：D。

3. 计算机中 8KB 表示的二进制位数是________。

A. 1000　　B. 8×1000　　C. 1024　　D. 8×1024

分析：1K＝1024，1B＝8b。

答案：D。

4. 下面是关于解释程序和编译程序的叙述，其中正确的一条是________。

A. 编译程序、解释程序均能产生目标程序

B. 编译程序、解释程序均不能产生目标程序

C. 编译程序能产生目标程序，解释程序不能产生目标程序

D. 编译程序不能产生目标程序，而解释程序能产生目标程序

分析：编译程序是先编译再连接优化，最后整体执行。解释程序是翻译一条语句，立即执行一条语句。

答案：C。

5. 用户可用内存通常是指________。

A. RAM　　B. ROM　　C. CACHE　　D. CD-ROM

分析：内存由 ROM 和 RAM 组成，其中 ROM 是只读的，里面的信息在出厂时就已经写好了，不能更改，但是信息可以永久保存。RAM 中的信息可以修改，但是断电以后信息会丢失。

答案：A。

6. 下列选项中，________不能与 CPU 直接交换数据。

A. RAM　　B. ROM　　C. CACHE　　D. CD-ROM

分析：辅助存储器都不能和 CPU 交换数据，得先把数据交给内存，再由内存交给 CPU。辅助存储器直接访问内存会拖慢计算机的运算速度。

答案：D。

7. RAM 具有的特点是________。

A. 海量存储

B. 存储在其中的信息可以永久保存

C. 一旦断电，存储在其中的信息将全部消失且无法恢复

D. 存储在其中的数据不能改写

分析：RAM 是随机访问存储器，存储的信息只能带电保存，一旦断电，存储在其中的信息将全部消失且无法恢复。计算机的内存就是由 RAM 和 ROM 组成的。ROM 是只读存储器，其中的信息只能读取，不能改写，但可以永久保存。

答案：C。

8. 磁盘目录采用的是________。

A. 表格形结构　　B. 图形结构　　C. 网状结构　　D. 树形结构

分析：计算机中的文件都是采用倒树形结构来组织的，树根就是桌面。

答案：D。

9. 数据和程序是以________形式存储在磁盘上的。

A. 集合　　B. 文件　　C. 目录　　D. 记录

分析：计算机中的数据和程序都是以文件的形式存储的，有各种各样的数据文件和程序文件。

答案：B。

10. 计算机按其处理能力可分为________。

A. 电子模拟计算机和电子数字计算机

B. 巨型机、大型机、小型机和微型机

C. 386、486、586

D. 通用机和专用机

分析：A 是按照计算机使用的电信号来分类的。C 是计算机中 CPU 的型号。D 是按照计算机的应用特点来分类的。

答案：B。

11. 软件是指________。

A. 程序　　B. 程序和文档

C. 算法加数据结构　　D. 程序、数据与相关文档的完整集合

分析：软件不仅仅是程序，而是程序、数据与文档的集合。

答案：D。

12. 世界上第一台计算机诞生于________年。

A. 1946　　B. 1947　　C. 1971　　D. 1964

分析：1946 年，在美国宾夕法尼亚大学诞生了世界上第一台全电子数字计算机 ENIAC。

答案：A。

13. 汉字机内码占________字节。

A. 1　　B. 2　　C. 3　　D. 4

分析：一个汉字在计算机中占两个字节。

答案：B。

14. 计算机操作系统的主要作用是________。

A. 实现计算机与用户之间的信息交换

B. 实现计算机硬件与软件之间的信息交换

C. 控制和管理计算机软件、硬件资源

D. 实现计算机程序代码的转换

分析：操作系统是控制和管理计算机系统内各种硬件和软件资源，合理有效地组织计算机系统的工作，为用户提供一个使用方便、可扩展的工作环境，从而起到连接计算机和用户接口的作用。

答案：C。

15. 微型计算机在工作中尚未进行存盘操作，突然断电，则计算机________全部丢失，再次通电后也不能完全恢复。

A. 已输入的数据和程序　　B. RAM 中的信息

C. ROM 和 RAM 中的信息　　D. 硬盘中的信息

分析：ROM 和硬盘中的数据断电是不会丢失的，而 RAM 中的数据会完全丢失。

答案：B。

16. 下列 4 种存储器中，存取速度最快的是________。

A. 磁带　　B. 软盘　　C. 硬盘　　D. 内存储器

分析：在计算机中常用的存储部件：高速缓存的速度＞内存的速度＞辅助存储器的速度。

答案：D。

17. 用高级语言编写的程序经编译后产生的程序叫________。

A. 源程序　　B. 目标程序　　C. 连接程序　　D. 编译程序

分析：用各种语言编写的程序叫源程序，源程序经编译程序编译成目标程序。

答案：B。

18. 运算器的主要功能是________。

A. 实现算术和逻辑运算

B. 分析指令并进行译码

C. 保存各种指令信息供系统其他部件使用

D. 按主频指标的规定发出时钟脉冲

分析：运算器只负责算术运算和各种逻辑运算，而控制器控制计算机的其他部件统一协调地工作。

答案：A。

19. 在计算机内，多媒体数据最终是以________形式存在的。

A. 二进制代码　　B. BCD 码　　C. 虚拟数据　　D. 图形

分析：计算机的内部是以二进制数据 0 和 1 来保存各种形式的数据，也只能识别和执行二进制数据。需要输出的时候，由输出设备将这些二进制数据转换成人们能识别的相应数据。

答案：A。

20. 为了防范黑客的侵害，可以采取________手段对付黑客攻击。

A. 使用防火墙技术　　B. 使用安全扫描工具发现黑客

C. 时常备份系统　　D. 以上三种都对

分析：D是最完整、全面的答案。

答案：D。

【同步练习】

1. 第一代电子计算机的主要组成元件是________。

A. 继电器　　B. 晶体管　　C. 电子管　　D. 集成电路

2. 一个已知英文字母 m 的 ASCII 码值为 109，那么英文字母 p 的 ASCII 码值是________。

A. 111　　B. 112　　C. 113　　D. 114

3. 汉字的国标码用 2 个字节存储，其每个字节的最高值分别为________。

A. 0，0　　B. 0，1　　C. 1，0　　D. 1，1

4. 计算机系统由________两大部分组成。

A. 系统软件和应用软件　　B. 主机和外部设备

C. 硬件系统和软件系统　　D. 输入设备和输出设备

5. ROM 中的信息是________。

A. 由计算机制造厂预先写入的　　B. 在系统安装时写入的

C. 根据用户的需求，由用户随时写入的　　D. 由程序临时存入的

6. 在计算机硬件技术指标中，度量存储器空间大小的基本单位是________。

A. 字节　　B. 二进位　　C. 字　　D. 半字

7. 计算机软件系统包括________。

A. 系统软件和应用软件　　B. 编译系统和应用软件

C. 数据库管理系统和数据库　　D. 程序和文档

8. 高级语言的编译程序属于________。

A. 专用软件　　B. 应用软件　　C. 通用软件　　D. 系统软件

9. 下列关于计算机病毒的叙述中，错误的一条是________。

A. 计算机病毒具有潜伏性

B. 计算机病毒具有传染性

C. 感染过计算机病毒的计算机具有对该病毒的免疫性

D. 计算机病毒是一个特殊的寄生程序

10. 第一台计算机是 1946 年在美国研制的，该机英文名为________。

A. ENIAC　　B. EDVAC　　C. EDSAC　　D. MARK-II

11. 一个汉字的机内码与它的国标码之间的差是________。

A. 2020H　　B. 4040H　　C. 8080H　　D. A0A0H

12. 计算机突然断电，此时________中的信息全部丢失。

A. 软盘　　B. RAM　　C. 硬盘　　D. ROM

13. 计算机病毒主要造成________。

A. 磁盘片的损坏　　B. 磁盘驱动器的损坏

C. CPU 的损坏　　　　　　　　D. 程序和数据的损坏

14. 在 Pentium 处理器中，加法运算是由________完成的。

A. 总线　　　　　　　　B. 控制器

C. 算术逻辑运算部件　　　　D. cache

15. 虽然________打印质量不高，但打印存折和票据比较方便，因而在超市收银机上普遍使用。

A. 激光打印机　　　　　　B. 针式打印机

C. 喷墨式打印机　　　　　D. 字模打印机

16. 一个用户若需在一台计算机上同时运行多个程序，必须使用具有________处理功能的操作系统。

A. 多用户　　B. 多任务　　C. 分布式　　D. 单用户

17. 计算机之所以能按人们的意志自动进行工作，主要是因为采用了________。

A. 二进制数制　　B. 高速电子元件　　C. 存储程序控制　　D. 程序设计语言

18. 下列设备中，________不能作为计算机的输出设备。

A. 打印机　　B. 显示器　　C. 绘图仪　　D. 键盘

19. 十进制数 215 用二进制数表示是________。

A. 1100001　　B. 11011101　　C. 0011001　　D. 11010111

20. 有一个数是 123，它与十六进制数 53 相等，那么该数值是________。

A. 八进制数　　B. 十进制数　　C. 五进制　　D. 二进制数

21. 某汉字的区位码是 5448，它的机内码是________。

A. D6D0H　　B. E5E0H　　C. E5D0H　　D. D5E0H

22. 配置高速缓冲存储器(cache)是为了解决________。

A. 内存与辅助存储器之间速度不匹配问题

B. CPU 与辅助存储器之间速度不匹配问题

C. CPU 与内存储器之间速度不匹配问题

D. 主机与外设之间速度不匹配问题

23. 下列术语中，属于显示器性能指标的是________。

A. 速度　　B. 可靠性　　C. 分辨率　　D. 精度

24. 计算机最早的应用领域是________。

A. 辅助工程　　B. 过程控制　　C. 数据处理　　D. 数值计算

25. 要存放 10 个 24×24 点阵的汉字字模，需要________存储空间。

A. 72B　　B. 320B　　C. 720B　　D. 72KB

26. 下列设备中，读写数据最快的是________。

A. 软盘　　B. CD-ROM　　C. 硬盘　　D. 磁带

27. 下列软件中，________属于应用软件。

A. Windows 2000　　　　B. Word 2000

C. UNIX　　　　　　　　D. Linux

28. 下列 4 种不同数制表示的数中，数值最大的一个是________。

A. 八进制数 227　　　　　B. 十进制数 789

C. 十六进制数 1FF　　D. 二进制数 1010001

29. 用户用计算机高级语言编写的程序通常称为________。

A. 汇编程序　　B. 目标程序

C. 源程序　　D. 二进制代码程序

30. 将高级语言编写的程序翻译成机器语言程序，所采用的两种翻译方式是________。

A. 编译和解释　　B. 编译和汇编　　C. 编译和链接　　D. 解释和汇编

31. 下列关于操作系统的主要功能的描述中，不正确的是________。

A. 处理器管理　　B. 作业管理　　C. 文件管理　　D. 信息管理

32. 下列 4 种软件中属于应用软件的是________。

A. BASIC 解释程序　　B. UCDOS 系统

C. 财务管理系统　　D. Pascal 编译程序

33. 在计算机领域中通常用 MIPS 来描述________。

A. 的运算速度　　B. 计算机的可靠性

C. 计算机的可运行性　　D. 计算机的可扩充性

34. 微型计算机存储系统中，PROM 是________。

A. 可读写存储器　　B. 动态随机存取存储器

C. 只读存储器　　D. 可编程只读存储器

35. 为解决某一特定问题而设计的指令序列称为________。

A. 文档　　B. 语言　　C. 程序　　D. 系统

36. 微型计算机硬件系统中最核心的部件是________。

A. 主板　　B. CPU　　C. 内存储器　　D. I/O 设备

37. 若在一个非零无符号二进制整数右边加两个零形成一个新的数，则新数的值是原数值的________。

A. 4 倍　　B. 2 倍　　C. 1/4　　D. 1/2

38. 如果一个存储单元能存放一个字节，那么一个 32KB 的存储器共有________个存储单元。

A. 32 000　　B. 32 768　　C. 32 767　　D. 65 536

39. 十进制数 0.6531 转换为二进制数为________。

A. 0.100101　　B. 0.100001　　C. 0.101001　　D. 0.011001

40. 微型计算机外(辅)存储器是指________。

A. RAM　　B. ROM　　C. 磁盘　　D. 虚盘

41. 目前各部门广泛使用的人事档案管理、财务管理等软件，按计算机应用分类，应属于________。

A. 实时控制　　B. 科学计算

C. 计算机辅助工程　　D. 数据处理

42. 微型计算机存储器系统中的 cache 是________。

A. 只读存储器　　B. 高速缓冲存储器

C. 可编程只读存储器　　　　　　　　　　D. 可擦除可再编程只读存储器

43. 下列关于计算机病毒的4条叙述中,有错误的一条是________。

A. 计算机病毒是一个标记或一个命令

B. 计算机病毒是人为制造的一种程序

C. 计算机病毒是一种通过磁盘、网络等媒介传播、扩散,并能传染其他程序的程序

D. 计算机病毒是能够实现自身复制,并借助一定的媒体存在的具有潜伏性、传染性和破坏性的程序

44. 计算机硬件能直接识别并执行的语言是________。

A. 高级语言　　B. 算法语言　　C. 机器语言　　D. 符号语言

45. 内存储器是计算机系统中的记忆设备,它主要用于________。

A. 存放数据　　　　　　　　B. 存放程序

C. 存放数据和指令　　　　　D. 存放地址

【同步练习参考答案】

1. C	2. B	3. A	4. C	5. A	6. A	7. A	8. D	9. C
10. A	11. C	12. B	13. D	14. C	15. B	16. B	17. C	18. D
19. D	20. A	21. A	22. C	23. C	24. D	25. C	26. C	27. B
28. B	29. C	30. A	31. D	32. C	33. A	34. D	35. C	36. B
37. A	38. B	39. C	40. C	41. D	42. B	43. A	44. C	45. C

第2章 中文版 Windows XP

实验 2-1 Windows XP 的基本操作

实验目的

(1) 掌握鼠标的常用操作(单击、双击、右击、指向及拖动)。

(2) 掌握桌面元素的基本操作(即任务栏、桌面图标、桌面工作区)。

(3) 掌握 Windows XP 窗口、对话框和菜单的基本操作。

操作指导

案例 2-1

如图 2-1 所示,完成下列操作:

(1) 打开桌面上的“我的电脑”窗口。

(2) 浏览查看 C 盘的文件和文件夹,将该窗口移至屏幕的右下方,并改变窗口大小。

图 2-1 Windows XP 桌面

(3) 最大化窗口，然后恢复窗口大小。

(4) 关闭“我的电脑”窗口。

(5) 利用“开始”菜单打开“控制面板”窗口，并切换到“经典「开始」菜单”。

(6) 将桌面底部的任务栏隐藏。

1. “我的电脑”窗口

打开“我的电脑”窗口的操作步骤如下：

(1) 用鼠标指向桌面上的“我的电脑”图标。

(2) 双击“我的电脑”图标即可打开“我的电脑”窗口。

2. 利用“我的电脑”窗口浏览

浏览C盘内容，并移动该窗口的操作步骤如下：

(1) 在“我的电脑”窗口中双击本地磁盘C的图标即可打开“WINXP (C:)”窗口，浏览C盘中的文件及文件夹。

(2) 拖动窗口标题栏，将窗口拖至屏幕的右下方。

(3) 将鼠标置于窗口的上边框、左边框及左上角，鼠标指针变为↕、↔及↖时，拖动鼠标，改变窗口的大小。

3. 窗口的最大化、最小化还原

最大化窗口，恢复窗口大小的操作步骤如下：

(1) 双击窗口的标题栏或者单击窗口标题栏右侧的最大化按钮，使窗口最大化。

(2) 单击标题栏右侧的还原按钮使窗口恢复原始大小。

4. 关闭窗口

关闭“我的电脑”窗口的操作步骤如下：

单击标题栏右上角的“关闭”按钮或者按Alt+F4组合键。

5. “开始”菜单

设置“开始”菜单为“经典”开始菜单的操作步骤如下：

(1) 在任务栏空白处右击鼠标，在弹出的快捷菜单中选择“属性”命令，将打开“任务栏和「开始」菜单属性”对话框。

(2) 选择“「开始」菜单”选项卡，如图2-2所示。

(3) 选择“经典「开始」菜单”单选按钮，单击“确定”按钮完成操作。

6. 任务栏

隐藏任务栏的操作步骤如下：

(1) 在任务栏空白处右击鼠标，在弹出的快捷菜单中选择“属性”命令，将打开“任务栏和「开始」菜单属性”对话框。

(2) 选择“任务栏”选项卡，如图2-3所示。

(3) 选中“自动隐藏任务栏”复选框，单击“确定”按钮完成操作。

图 2-2 “「开始」菜单”选项卡

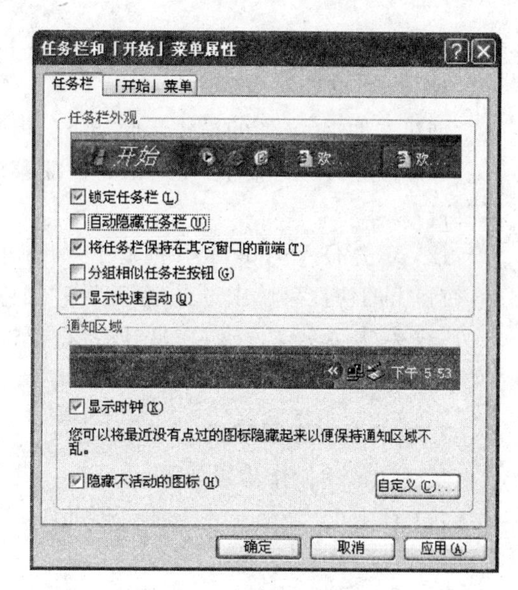

图 2-3 “任务栏”选项卡

实验 2-2　Windows XP 文件管理

实验目的

(1) 熟悉文件和文件夹的特性。

(2) 掌握文件和文件夹的基本操作方法。

操作指导

案例 2-2

1. 资源管理器

打开资源管理器，完成以下操作：

(1) 在 D:\Student\SS 下创建一个名为 AA 的文件夹，在 AA 文件夹中新建一个文本文档，取名为 F1. TXT。

(2) 将 D:\Student 下的 TEST1. TXT 文件及 TEST2. TXT 文件复制到 AA 文件夹下。

(3) 将 D:\Student\TT1 下的文件夹 DD 移动到 AA 文件夹下。

(4) 将 D:\Student 下的 B12. TXT 文件设置成“只读”并去掉“存档”属性。

(5) 删除 D:\Student 下的 LK 文件夹。

(6) 查找 D 盘中的 ANEWS. EXE 文件，然后为它建立名为 RNEW. EXE 的快捷方式，并存放在 C:\下。

2. 文件、文件夹的创建

创建文件夹、文件的操作步骤如下：

(1) 右击"开始"菜单，在弹出的快捷菜单中选择"资源管理器"命令，打开"资源管理器"窗口。

(2) 双击 D:\Student 中的文件夹 SS，打开 SS 文件夹窗口，在该窗口空白处右击鼠标，在弹出的快捷菜单中选择"新建"→"文件夹"命令，输入文件夹名"AA"。

(3) 双击 AA 文件夹，在打开的窗口空白处右击，在弹出的快捷菜单中选择"新建"→"文本文档"命令，输入文件名"F1. TXT"。

3. 文件的复制及移动

复制文件的操作步骤如下：

(1) 选中 D:\Student 下的 TEST1. TXT 文件及 TEST2. TXT 文件，按 Ctrl＋C 组合键。

(2) 打开 AA 文件夹窗口，按 Ctrl＋V 组合键，完成复制操作。

移动文件夹的操作步骤如下：

(1) 选中 D:\Student\TT1 下的文件夹 DD，按 Ctrl＋X 组合键。

(2) 打开 AA 文件夹窗口，按 Ctrl＋V 组合键，完成移动操作。

4. 文件属性

对文件设置属性的操作步骤如下：

(1) 右击 D:\Student 下的 B12. TXT 文件，在弹出的快捷菜单中选择"属性"命令。

(2) 选中"只读"复选框，取消对"存档"复选框的勾选，单击"确定"按钮完成操作。

删除文件夹的操作步骤如下：

选中 D:\Student 下的 LK 文件夹，按 Delete 键删除。或者右击鼠标，在弹出的快捷菜单中选择"删除"命令即可完成删除操作。

5. Windows 快捷方式

创建快捷方式的操作步骤如下：

(1) 双击 D 盘盘符，打开本地磁盘(D:)窗口。

(2) 在该窗口中单击"标准按钮"区中的"搜索"按钮 搜索。

(3) 在左侧的搜索窗格中输入要搜索的文件名"ANEWS. EXE"，单击"立即搜索"按钮，在窗口右侧将显示出找到的文件。

(4) 右击该文件，在弹出的快捷菜单中选择"创建快捷方式"命令，输入文件名"RNEW. EXE"。

(5) 右击 RNEW. EXE 文件，在弹出的快捷菜单中选择"剪切"命令，打开本地磁盘(C:)窗口，右击鼠标，在弹出的快捷菜单中选择"粘贴"命令。

案例 2-3

在 D 盘的 sun 文件夹中进行如下操作：

(1) 建立一个文本文档。

(2) 文件命名为“good”,内容为“风和日丽”(只输入引号内的内容)。

1. 新建“文本文档”

建立文本文档的操作步骤如下：

(1) 双击桌面上的“我的电脑”图标,打开“我的电脑”窗口。

(2) 在该窗口中双击本地磁盘(D:),打开“本地磁盘(D:)”窗口。

(3) 在该窗口空白区域右击鼠标,在弹出的快捷菜单中选择“新建”→“文本文档”命令。

2. 对“文本文档”的操作

输入内容的操作步骤如下：

(1) 右击新建的文本文档图标,在弹出的快捷菜单中选择“重命名”命令。

(2) 输入文件名“good.txt”。

(3) 双击该文件图标,打开文本文档的窗口,在光标闪烁处输入“风和日丽”(注：不含双引号)。

实验 2-3 Windows XP 控制面板及环境设置

实验目的

(1) 熟悉控制面板的基本操作。

(2) 掌握个性化环境的设置方法。

操作指导

案例 2-4

完成下列操作：

(1) 设置主题为“Windows 经典”。

(2) 更改当前的系统日期及时间为：2010 年 7 月 2 日 22 点 38 分。

(3) 设置鼠标：切换主次键；将鼠标轮设置为：一次滚动一个屏幕。

(4) 设置屏幕分辨率为 800×600。

(5) 对 D 盘进行“磁盘碎片整理”。

1. Windows 主题设置

设置主题的操作步骤如下：

(1) 在桌面空白区域右击鼠标,在弹出的快捷菜单中选择“属性”命令,打开“显示 属性”对话框。

（2）在当前的“主题”选项卡下选择“主题”下拉列表中的“Windows 经典”选项，如图 2-4 所示。

（3）单击“确定”按钮完成操作。

2. 系统日期及时间

更改系统日期及时间的操作步骤如下：

（1）双击任务栏右侧通告区域中的时间图标，打开“日期和时间 属性”对话框，如图 2-5 所示。

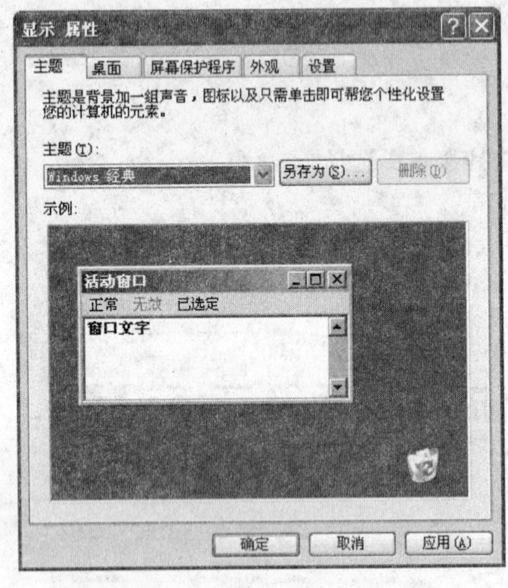

图 2-4 “显示 属性”对话框

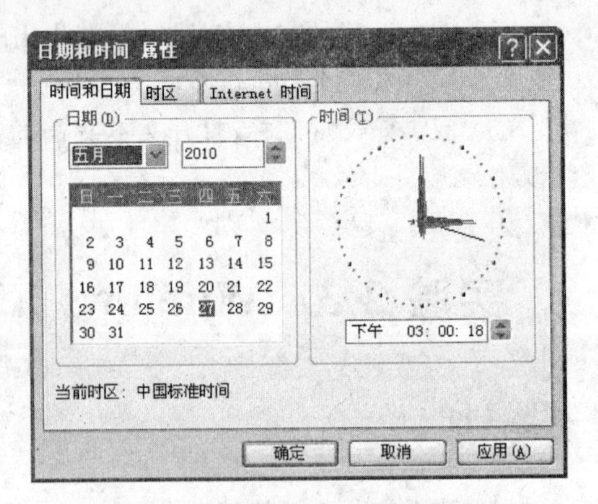

图 2-5 “日期和时间 属性”对话框

（2）在“日期”选项区域中选择月份为“七月”、年份为“2007”、日为“2”。

（3）调整右侧“时间”选项区域中的微调按钮，调整时间为 22 点 38 分。

（4）单击“确定”按钮完成操作。

3. 鼠标属性

设置鼠标属性的操作步骤如下：

（1）选择“开始”→“控制面板”命令，打开“控制面板”窗口。

（2）在该窗口中双击“鼠标”图标，打开“鼠标 属性”对话框，如图 2-6 所示。

（3）选择“鼠标键”选项卡，在“鼠标键配置”选项区域中选中“切换主要和次要的按钮”复选框。

（4）选择“轮”选项卡，在滚动区的“滚动滑轮一个齿格以滚动”选择“一次滚动一个屏幕”单选按钮。

（5）单击“确定”按钮完成操作。

4. “显示”设置

设置屏幕分辨率的操作步骤如下：

（1）选择“开始”→“控制面板”命令，打开“控制面板”窗口。

(2) 在该窗口中双击“显示”图标，打开“显示 属性”对话框。

(3) 选择“设置”选项卡，设置显示区中的屏幕分辨率：拖动滑轮至 800×600，如图 2-7 所示。

(4) 单击“确定”按钮完成操作。

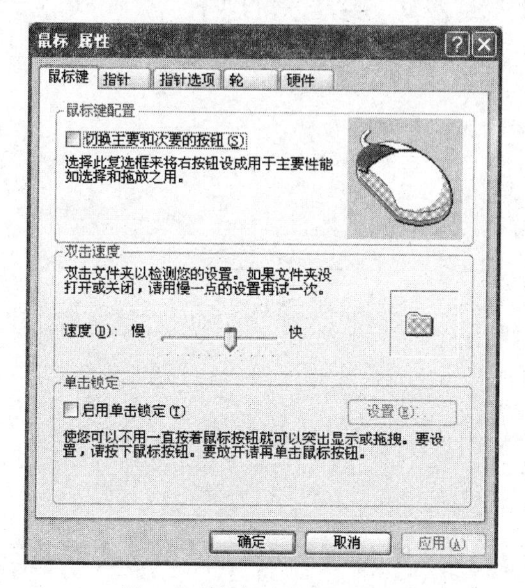

图 2-6 “鼠标 属性”对话框

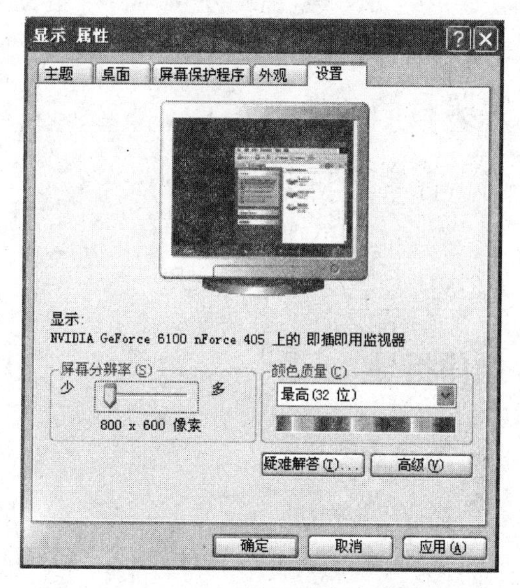

图 2-7 “显示 属性”对话框中的“设置”选项卡

5. 磁盘碎片整理

进行“磁盘碎片整理”的操作步骤如下：

(1) 选择“开始”→“所有程序”→“附件”→“系统工具”→“磁盘碎片整理程序”命令，打开“磁盘碎片整理程序”窗口，如图 2-8 所示。

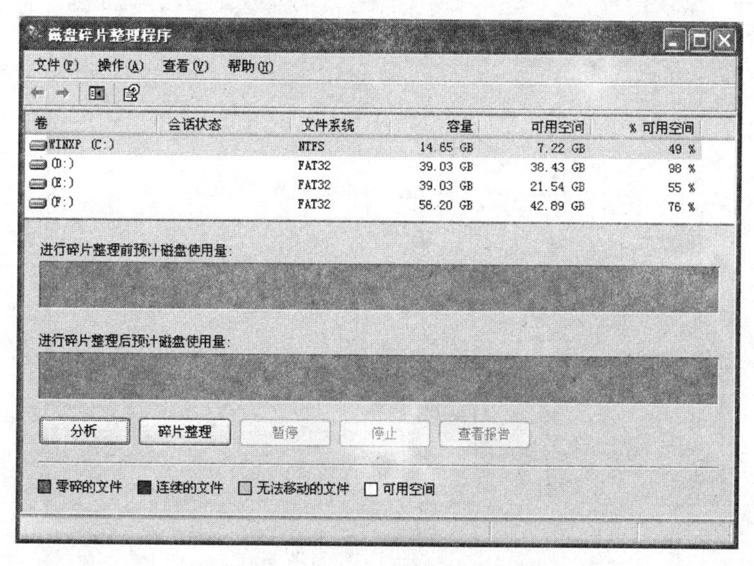

图 2-8 “磁盘碎片整理程序”窗口

(2) 在窗口中选择要整理的磁盘(D:),单击“碎片整理”按钮,将对 D 盘进行磁盘的碎片整理操作。

实验 2-4　Windows XP 常用附件

实验目的

(1) 熟悉记事本的基本操作。

(2) 熟悉写字板的操作。

(3) 掌握画图工具的使用。

操作指导

案例 2-5

完成下列操作:

通过记事本打开 C 盘目录下的“新建文件. txt”文件;设置记事本自动换行,并将其字体设为“隶书”,初号。

对记事本的操作步骤如下:

(1) 选择“开始”→“所有程序”→“附件”→“记事本”命令,打开“无标题-记事本”窗口。

(2) 在该窗口中选择“文件”→“打开”命令,弹出“打开”对话框,如图 2-9 所示。

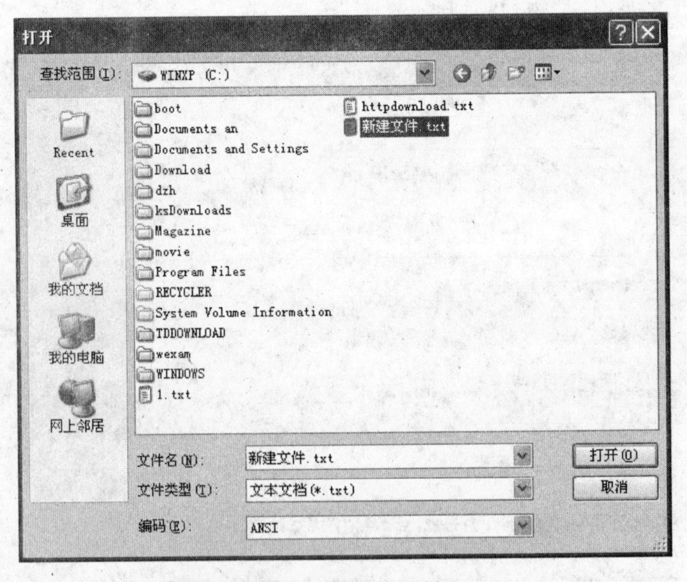

图 2-9　“打开”对话框

(3) 在该对话框中设置“查找范围”为 WINXP(C:),文件名为“新建文件.txt”,单击“打开”按钮,将打开图 2-10 所示的“新建文件.txt-记事本”窗口。

(4) 选择“格式”→“自动换行”命令,设置记事本中的文本自动换行。

(5) 选中该文件中的文本内容,选择“格式”→“字体”命令,打开“字体”对话框,如图 2-11 所示。

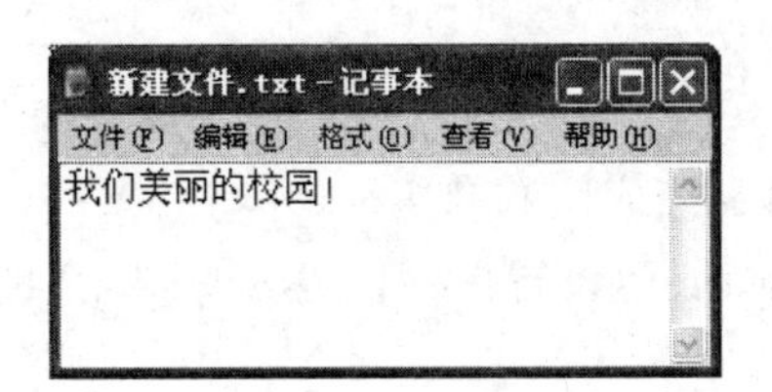

图 2-10 “新建文件.txt-记事本”窗口

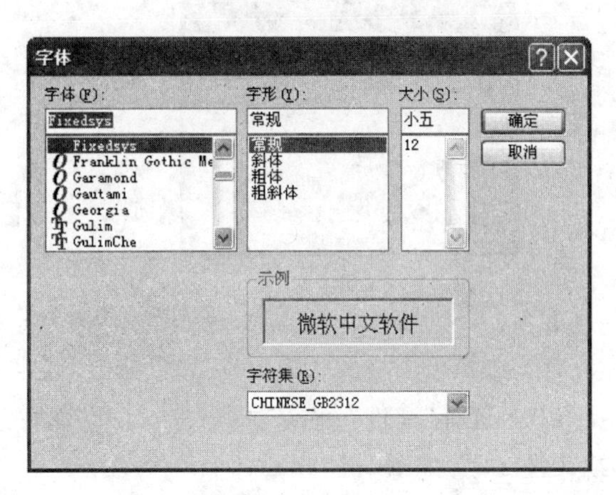

图 2-11 “字体”对话框

(6) 在该对话框中设置字体为“隶书”,字号大小为“初号”,单击“确定”按钮完成字的设置,设置后的效果如图 2-12 所示。

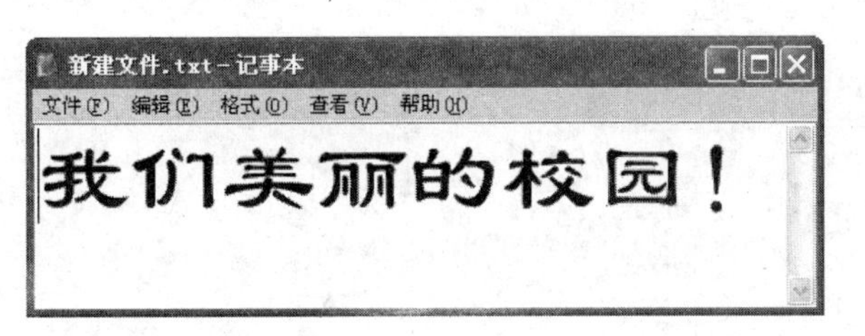

图 2-12 记事本效果图

案例 2-6

利用写字板在 C 盘新建一个“文件.rtf”文件,输入内容“美丽心情!”,设置字体为“楷体_GB2312”、三号、红色,设置该段落左缩进 5cm,在该段落下一行插入当前日期和时间“2010-07-27”。

对写字板的操作步骤如下:

(1) 选择“开始”→“所有程序”→“附件”→“写字板”命令,打开“文档-写字板”窗口。

(2) 在窗口的文本编辑区光标闪烁的位置输入“美丽心情!”,并选中该段落。

(3) 选择“格式”→“字体”命令,打开“字体”对话框。

(4) 在该对话框中设置字体为楷体_GB2312、字号为三号、字体颜色为红色。

(5) 选择“格式”→“段落”命令,打开“段落”对话框,如图 2-13 所示。

(6) 在该对话框中“缩进”选项区域中的“左”文本框中输入“5cm”。

(7) 单击“确定”按钮，完成缩进的设置。

(8) 按下 Enter 键，将光标定位于下一行起始位置，选择“插入”→“日期和时间”命令，打开“日期和时间”对话框，如图 2-14 所示。

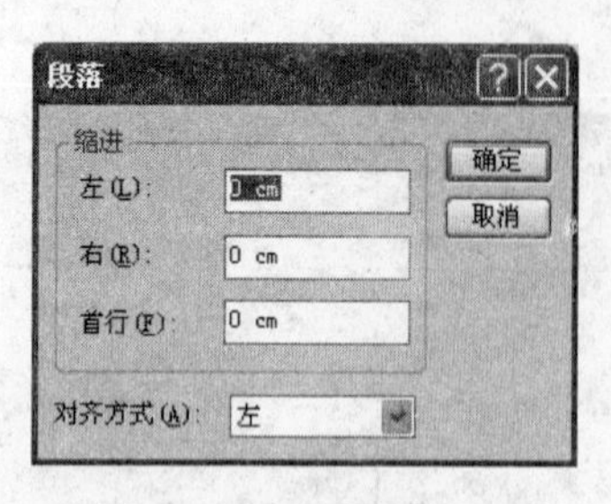

图 2-13 “段落”对话框

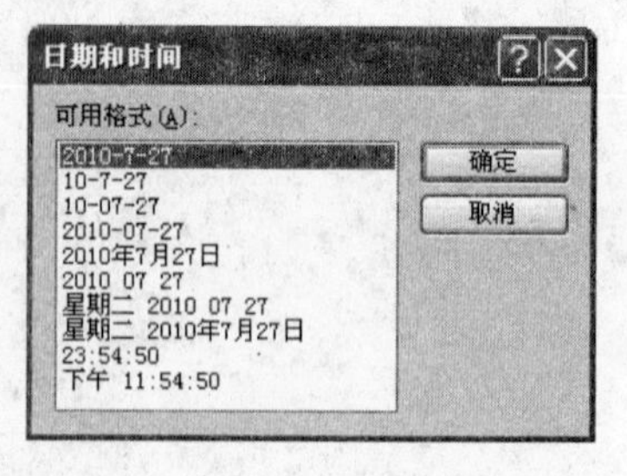

图 2-14 “日期和时间”对话框

(9) 选择可用格式“2010-07-27”，单击“确定”按钮，完成插入操作。

(10) 选择“文件”→“保存”命令，打开“保存为”对话框，设置保存位置为 C 盘，文件名为“文件. rtf”，如图 2-15 所示。

图 2-15 “保存为”对话框

(11) 单击“保存”按钮，进行文件的保存，设置后的效果如图 2-16 所示。

案例 2-7

如图 2-17 所示，完成下列操作：

创建文件“画图. bmp”，设置图片背景为红色，并添加文字“Hello，world!”，文字字体为 Times New Roman、26 号字并且倾斜，图片右下角画一个正圆(黄色)；制作好图片后将其设置为墙纸(平铺)。

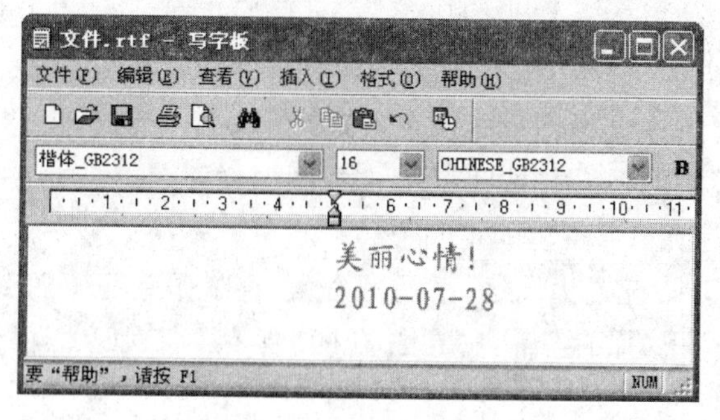

图 2-16　设置后的效果

图 2-17　画图效果图

对画图工具的操作步骤如下：

(1) 选择"开始"→"所有程序"→"附件"→"画图"命令，打开"未命名-画图"窗口。

(2) 在窗口下部的调色板区中选择设置的前景色：红色。

(3) 单击窗口左侧工具箱中的"用颜色填充"按钮，在右侧的空白工作区中单击一下，将填充工作区背景设为红色。

(4) 单击工具箱中的"文字"按钮**A**，在工作区中部位置利用鼠标从左上角拖动到右下角，拖曳出一个虚线的矩形框，并打开如图 2-18 所示的"字体"工具栏。

图 2-18　"字体"工具栏

(5) 在光标所在位置输入文字"Hello,world!",并在"字体"工具栏中设置文字的字体(Times New Roman)、字号(26 号)及字形(单击"倾斜"按钮 *I*)。

(6) 在调色板区域中选择图形的颜色:黄色。

(7) 单击工具箱中的"椭圆"按钮,选择图形样式,并按下 Shift 键,在图片的右下角利用鼠标拖曳出一个黄色的正圆形。

(8) 选择"文件"→"设置为墙纸(平铺)"命令,将制作好的位图图片设置为桌面墙纸。

(9) 选择"文件"→"保存"命令,在打开的"保存为"对话框中设置文件名为"画图.bmp",完成操作。

验证性实验 2-1

利用资源管理器完成如下操作:

(1) 使用多种方法打开资源管理器,然后将其关闭。

(2) 打开资源管理器,通过目录树(左侧)及内容显示区(右侧)两个不同区域的操作到达"C:\Windows",并比较在两个区中操作的不同处。

(3) 在此位置练习对多个文件的选定(连续的、不连续的、全部)。

验证性实验 2-2

对文件及文件夹完成如下操作:

(1) 在 E 盘的根目录下新建一个 student 文件夹,在 student 文件夹下创建文件夹 photo,在 photo 文件中新建文本文档,取名为 file1.txt。

(2) 将 student 文件夹中的文件夹 photo 改名为 music,将 music 文件中的文件 file1.txt 重命名为 file2.txt。

(3) 将 file2.txt 文件移动到 D 盘,在 D 盘根目录下新建 teacher 文件夹,将"C:\windows"下的 explorer.exe 复制到此文件夹下。

(4) 删除 teacher 文件中的文件 explorer.exe,删除 D 盘中的 file2.txt,并对删除的文件 file2.txt 进行还原,清空"回收站"中的内容。

(5) 将文件 file2.txt 设置为"只读"属性,利用 Windows XP 记事本创建"桌面.txt",保存在 E:\student 文件夹下,文件内容为"如何设置 Windows XP 的桌面背景?",并设置该文件为隐藏属性。

(6) 在 E 盘中查找"桌面.txt"文件,将其复制到 D 盘,并改名为"操作系统.txt"。查找 C 盘中所有.exe 类型文件,将查找的文件个数记录在 number.txt 文件中,并将该文件保存在 E:\student 文件夹下。

第3章 文字处理软件 Word 2003

实验 3-1　Word 2003 的文字录入与编辑

实验目的

(1) 掌握 Word 的启动和退出,熟悉 Word 工作窗口。

(2) 熟练掌握 Word 文档的创建、文本输入、保存、保护和打开。

(3) 熟练掌握 Word 文档的编辑(如录入文本与符号、复制粘贴、查找替换等基本操作)。

操作指导

案例 3-1

使用 Word 2003 完成下列操作:

(1) 新建文件。新建一个文档,文件名为 A2.DOC,保存在 D 盘。

(2) 录入文本与符号。按照样文 3-1,录入文字、字母、标点符号、特殊符号等。

(3) 复制粘贴。将录入文档的第一段文字复制到文档之后。

(4) 删除文本。将文档中最后一段删除,再将其恢复。

(5) 查找替换。将文档中所有“潮湿地”替换为“湿地”。

(6) 合并段落。将文档中第 2 段和第 3 段合并成一段。

(7) 设置文档的打开密码为 111,修改密码为 222。

【样文 3-1】

☆潮湿地是指一年中至少有一段时间为潮湿或水涝的地区,包括沼泽、泥炭地、滩涂和沼泽群落等。潮湿地含有丰沛水分,比陆地具有更大的比热,『高温吸热』,『低温放热』,从而调节气温,减少温差;同时,潮湿地是区域水循环的重要环节,雨季可以〖调蓄洪水〗,〖降低洪峰〗,并及时补充地下水,旱季可以〖增大蒸发〗,〖增加降水〗,从而减少旱、涝灾害。▩

潮湿地由动植物、微生物、土壤、水体以及沙砾基质组成,它们之间的生物、物理、化学作用使潮湿地成为天然的“空气净化器”和“污水处理厂”。大面积潮湿地可以直接吸附空气中的浮尘、细菌和有害气体，与降水、径流带来的尘土及有害物质一起沉滞于基质，从而起到净化空气的作用。

潮湿地为野生动植物提供良好的栖息地，以维持它们正常的繁衍，是天然的物种基因库；潮湿地提供丰富的水产品，出产泥炭、水电，可用于适度旅游开发，具有很高的经济价值；此外潮湿地还具有科研与景观价值。

1. 新建 Word 文档

新建文档的操作步骤如下：

选择"开始"→"所有程序"→Microsoft Office→Microsoft Office Word 2003 命令，将启动 Word 2003，进入 Word 窗口，如图 3-1 所示。

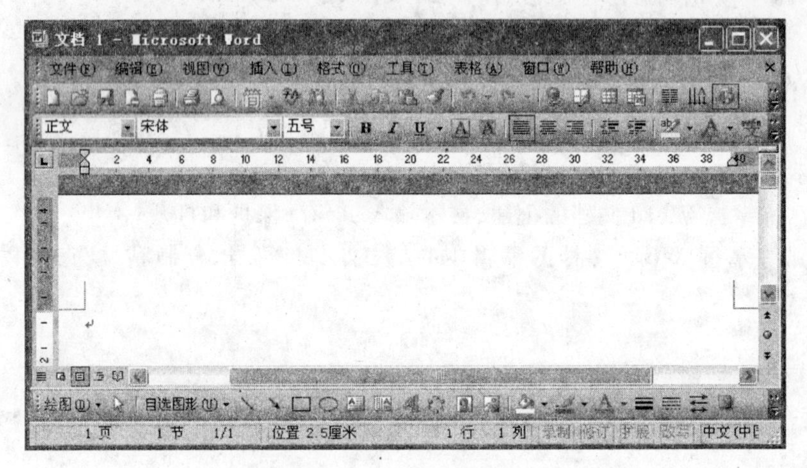

图 3-1 Word 文档窗口

2. 在 Word 文档中录入字符

录入文本与符号的操作步骤如下：

(1) 在任务栏右下角的通告区域单击"输入法"图标，或按 Ctrl＋Shift 组合键(不同输入法之间切换)选择自己熟悉的输入法，配合使用 Ctrl＋Space 组合键(中英文切换)在文档编辑区输入正文。

(2) 对于文档中的符号☆、▩、『』、〖〗，则选择"插入"→"符号"命令，打开图 3-2 所示的"符号"对话框。

(3) 选择"符号"选项卡，选择要插入的符号，单击"插入"按钮。

(4) 单击"关闭"按钮完成操作。

3. Word 文档中"复制"、"粘贴"

复制粘贴文本的操作步骤如下：

(1) 选中文档的第一段文字。

(2) 右击鼠标，在弹出的快捷菜单中选择"复制"命令(或按下 Ctrl＋C 组合键)。

(3) 将鼠标指针定位到文档的最后，右击鼠标，在弹出的快捷菜单中选择"粘贴"命令(或按下 Ctrl＋V 组合键)。

图 3-2 “符号”对话框

4. 在 Word 文档中删除文本

删除文本的操作步骤如下：

(1) 选中文档中的最后一段文字。

(2) 按下 Backspace 键(删除光标前的文本)或 Delete 键(删除光标后的文本)(也可使用菜单法进行文本的删除，选择“编辑”→“清除”→“内容”命令)。

(3) 单击“常用”工具栏中的“撤销清除”按钮 撤销刚才的操作。

查找替换文本的操作步骤如下：

(1) 选择“编辑”→“替换”命令，打开“查找和替换”对话框，选择“替换”选项卡，在“查找内容”下拉列表框中输入“潮湿地”，在“替换为”下拉列表框中输入“湿地”，如图 3-3 所示。

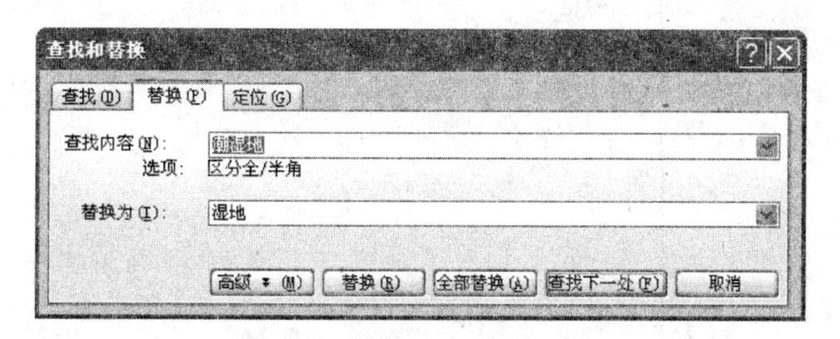

图 3-3 “查找和替换”对话框

(2) 单击“全部替换”按钮，对整篇文档进行文字的替换，并以对话框的形式报告替换了几处，如图 3-4 所示。

图 3-4 报告替换数量

5. 在 Word 文档中合并段落

合并段落的操作步骤如下：

方法一：将光标置于第 2 段后，按下 Delete 键，即可合并第 3 段。

方法二：将光标置于第 3 段前，按下 Backspace 键，实现两个自然段的合并。

6. 保存 Word 文档

保存文档的操作步骤如下：

(1) 选择"工具"→"选项"命令，打开"选项"对话框。

(2) 选择"安全性"选项卡，在"打开文件时的密码"文本框中输入 111，在"修改文件时的密码"文本框中输入 222，如图 3-5 所示。

(3) 单击"确定"按钮，在弹出的"确认密码"对话框中分别再次输入密码，如图 3-6 所示。

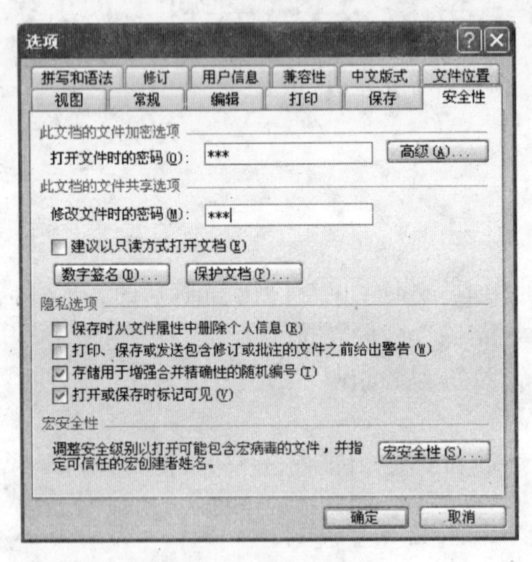

图 3-5 "选项"对话框

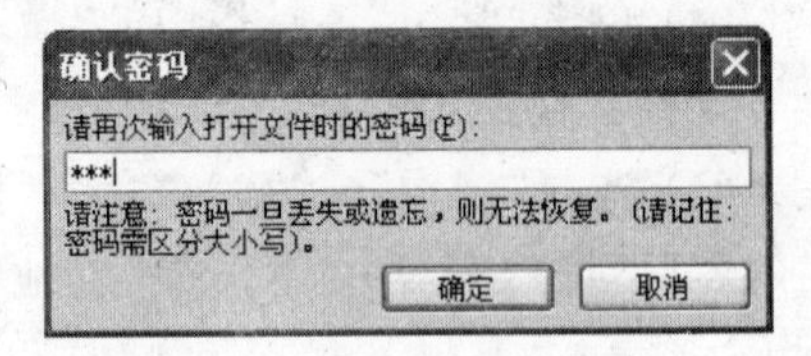

图 3-6 "确认密码"对话框

(4) 单击"保存"按钮，完成保存文档的操作。

所有操作完成后，文档内容如样文 3-2 所示。

【样文 3-2】

☆湿地是指一年中至少有一段时间为潮湿或水涝的地区，包括沼泽、泥炭地、滩涂和沼泽群落等。湿地含有丰沛水分，比陆地具有更大的比热，『高温吸热』，『低温放热』，从而调节气温，减少温差；同时，湿地是区域水循环的重要环节，雨季可以〖调蓄洪水〗，〖降低洪峰〗，并及时补充地下水，旱季可以〖增大蒸发〗，〖增加降水〗，从而减少旱、涝灾害。▩

湿地由动植物、微生物、土壤、水体以及沙砾基质组成，它们之间的生物、物理、化学作用使湿地成为天然的"空气净化器"和"污水处理厂"。大面积湿地可以直接吸附空气中的浮尘、细菌和有害气体，与降水、径流带来的尘土及有害物质一起沉滞于基质，从而起到净化空气的作用。湿地为野生动植物提供良好的栖息地，以维持它们正常的繁衍，是天然的物种基因库；湿地提供丰富的水产品，出产泥炭、水电，可用于适度旅游开发，具有很高的经济价值；此外湿地还具有科研与景观价值。

实验 3-2　文档的格式设置与编排

实验目的

(1) 熟练掌握 Word 文档字符格式的设置。

(2) 熟练掌握 Word 文档段落格式的设置。

(3) 掌握拼写检查的操作。

操作指导

案例 3-2

输入样文 3-3 内容，按要求完成如下操作：

(1) 设置字符：第一行“生活科普小知识”为方正舒体、四号、蓝色，第二行正文标题为隶书、二号、阳文、红色，将标题中的“三种老人”字符间距加宽 1.2 磅、位置提升 8 磅，正文第一段为仿宋_GB2312，最后一行为方正姚体，正文第二、第三、第四段开头的“严重神经衰弱者”、“癫痫病患者”、“白内障患者”加粗、加着重号。

(2) 设置段落：全文左、右各缩进 2 字符，正文首行缩进 2 字符；第二行标题：段前 1.5 行、段后 1.5 行，正文各段段前、段后各 0.5 行，正文各段固定行距为 18 磅；第一行右对齐，第二行标题居中，最后一行右对齐。

【样文 3-3】

生活科普小知识

三种老人不宜用手机

据杭州日报报道，目前老年人使用手机的情况越来越普遍，但有些老人不宜使用手机。严重神经衰弱者：经常使用手机可能会引发失眠、健忘、多梦、头晕、头痛、烦躁、易怒等神经衰弱症状。对于那些本来就患有神经衰弱的人，再经常使用手机有可能使上述症状加重。癫痫病患者：手机使用者大脑周围产生的电磁波是空间电磁波的 4～6 倍，可诱发癫痫发作。白内障患者：手机发射出的电磁波能使白内障病人眼球晶状体温度上升、水肿，可加重病情。

——摘自《生活时报》

1. 设置“字体”格式

设置字体的操作步骤如下：

(1) 选中第一行标题，在图 3-7 所示的“格式”工具栏中的“字体”下拉列表中选择“方正舒体”，在“字号”下拉列表中选择“四号”，单击“字体颜色”按钮 A ▾，设置字体颜色为红色。

(2) 右击第二行标题“三种老人不宜用手机”，在弹出的快捷菜单中选择“字体”命令，打开“字体”对话框，选择“字体”选项卡，在“中文字体”下拉列表中选择“隶书”，在“字号”

图 3-7 “格式”工具栏

列表框中选择“二号”，选中“效果”选项区域中的“阳文”复选框，在“字体颜色”下拉列表中选择“红色”，如图 3-8 所示。选中该行标题的前 4 个字“三个老人”，同上述方法，打开“字体”对话框，在“字符间距”选项卡中将“间距”设置为“加宽”，磅值设为“1.2 磅”；将“位置”设置为“提升”，磅值为“8 磅”，如图 3-9 所示。

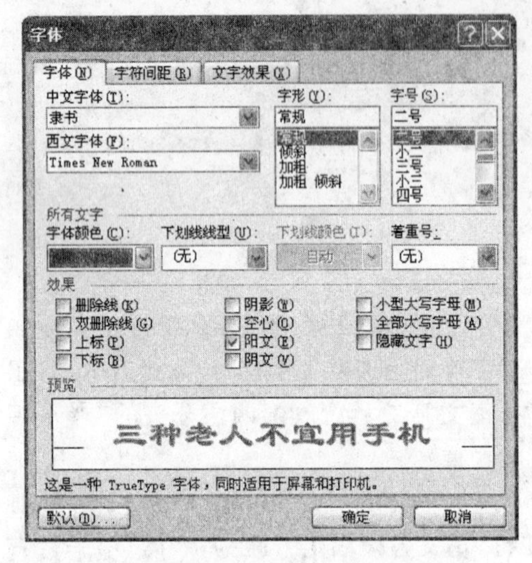

图 3-8 “字体”对话框中的“字体”选项卡

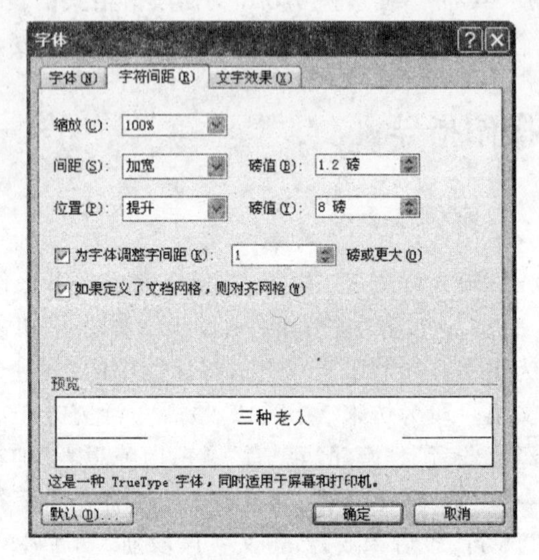

图 3-9 “字体”对话框中的“字符间距”选项卡

(3) 选中正文第一段“据杭州……使用手机”，同上述方法，设置字体为“仿宋_GB2312”。

(4) 选中最后一行“——摘自《生活时报》”，同上述方法，设置字体为“方正姚体”。

(5) 选中正文第二、第三、第四段开头的“严重神经衰弱者”、“癫痫病患者”、“白内障患者”，同上述方法，打开“字体”对话框，选择“字体”选项卡，在“字形”列表框中选择“加粗”选项，并在“着重号”下拉列表中选择“着重号”选项。

2. 设置段落“格式”

设置段落的操作步骤如下：

(1) 右击整个文档，在弹出的快捷菜单中选择“段落”命令，打开“段落”对话框。

(2) 选择“缩进和间距”选项卡，设置缩进。左：2 字符、右：2 字符，如图 3-10 所示。

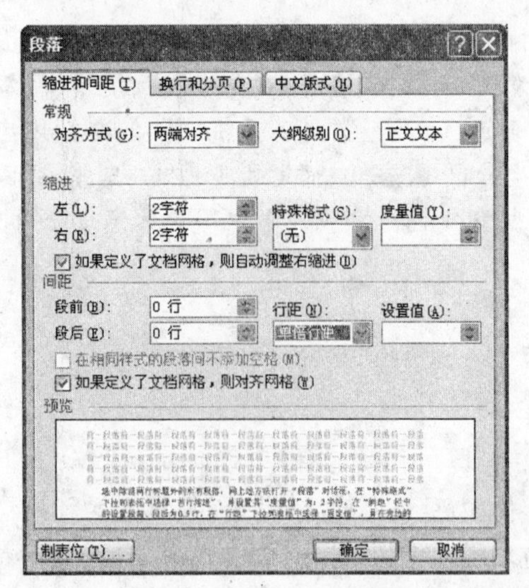

图 3-10 段落缩进的设置

(3) 选中除前两行标题外的所有段落，同上述方法，打开“段落”对话框，在“缩进和间距”选项卡中的“特殊格式”下拉列表中选择“首行缩进”，并设置其“度量值”为“2 字符”。在“间距”选项区域中设置段前、段后为 0.5 行，在“行距”下拉列表中选择“固定值”，并在旁边的“设置值”数值框中输入“18 磅”，如图 3-11 所示。

(4) 单击“确定”按钮。

(5) 选中第二行标题“三种老人不宜用手机”，同上述方法，设置其段前、段后值为 1.5 行。

(6) 选中第一行“生活科普小知识”，同上述方法，打开“段落”对话框，在“缩进和间距”选项卡的“常规”选项区域中的“对齐方式”下拉列表中选择“右对齐”，如图 3-12 所示。

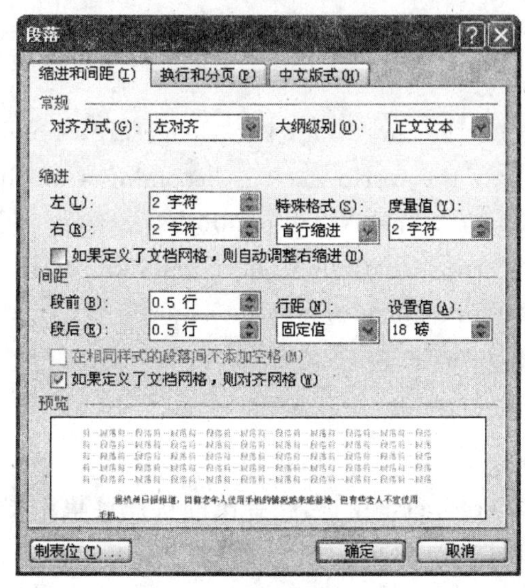

图 3-11　段落间距的设置

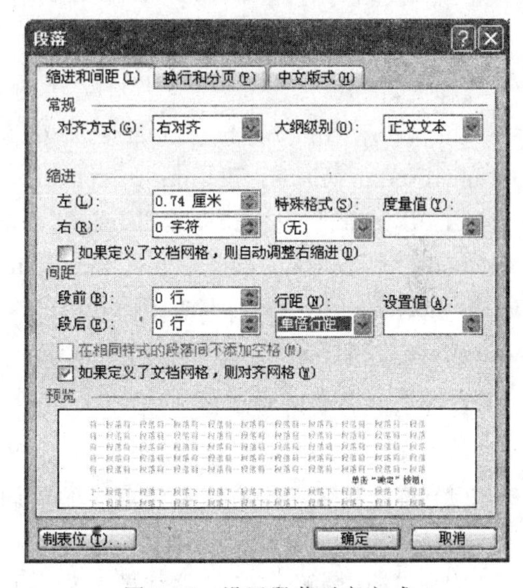

图 3-12　设置段落对齐方式

(7) 选中第二行标题，同上述方法，设置对齐方式为“居中”。选中最后一行文本，同上述方法，设置对齐方式为“右对齐”。

(8) 单击“确定”按钮，完成操作。

所有操作设置完成后，文档格式为样文 3-4 所示。

【样文 3-4】

生活科普小知识

三种老人不宜用手机

据杭州日报报道，目前老年人使用手机的情况越来越普遍，但有些老人不宜使用手机。

严重神经衰弱者：经常使用手机可能会引发失眠、健忘、多梦、头晕、头痛、烦躁、易怒等神经衰弱症状。对于那些本来就患有神经衰弱的人，再经常使用手机有可能是上述症状加重。

癫痫病患者：手机使用者大脑周围产生的电磁波是空间电磁波的4～6倍，可诱发癫痫发作。

白内障患者：手机发射出的电磁波能使白内障病人眼球晶状体温度上升、水肿，可加重病情。

——摘自《生活时报》

案例 3-3

输入样文3-5内容，按要求完成如下操作：

(1) 拼写检查：改正样文3-5中的单词拼写错误。

(2) 添加项目符号或编号。

【样文 3-5】

Our knowledge of the universe is growing all the time. Our knowledge grows and the univerce develops. Thanks to space satellites, the world itself is becoming a much smaller place and people from different countries now understand each other better.

Look at your watch for just one minite. During that time, he population of the world increased by 259. Perhaps you think that isn't much. However, during the next hour, over 15540 more babies will be born onthe earth.

1. Word 中的拼写检查工具

进行拼写检查的操作步骤如下：

(1) 将光标置于带有红色波浪线的单词univerce，右击鼠标，在弹出的快捷菜单中根据语句结构选择所建议的正确单词universe，如图3-13所示。

(2) 文档中带有红色波浪线的错误单词将被替换。同上述方法，将文档中的错误单词minite、onthe替换为minute及on the。

(3) 将光标置于带有绿色波浪线的单词During。

(4) 选择"工具"→"拼写和语法"命令，打开"拼写和语法"对话框，如图3-14所示。

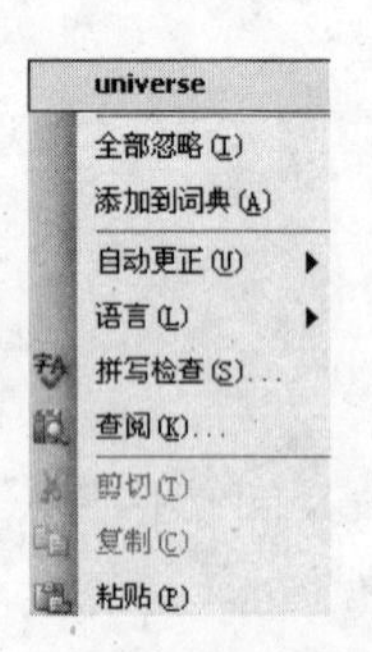

图3-13 拼写检查快捷菜单

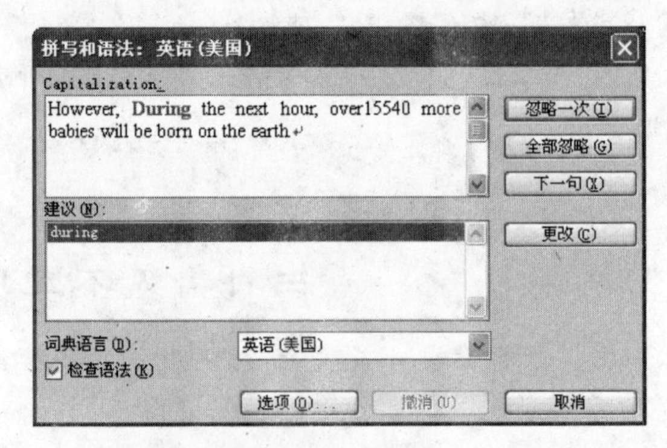

图3-14 "拼写和语法"对话框

(5) 对话框左上部列表框中列出了存在错误的语句，并以绿色显示出逻辑错误的位置，下部列表框中列出了更改建议"during"。

(6) 单击“更改”按钮，将实现此处的修改，语句中的错误将被消除。用上述方法也可修改红色波浪线处的单词错误（只不过在“拼写和语法”对话框中是以红色显示出单词错误的位置）。

注意：对文档进行检查时，文字下面红色波浪线表明单词错误；绿色波浪线表示语法错误，都可用两种方法进行修改：一种是右击法直接修改；另一种是菜单法，选择“工具”→“拼写和语法”命令修改。

2. 项目符号及编号

设置项目符号及编号的操作步骤如下：

(1) 选中正文，选择“格式”→“项目符号和编号”命令（或右击鼠标，在弹出的快捷菜单中选择“项目符号和编号”命令），打开“项目符号和编号”对话框，选择“项目符号”选项卡，将列出几种默认的项目符号的样式，如图 3-15 所示。

(2) 选择任意一种样式，单击“自定义”按钮，打开“自定义项目符号列表”对话框，如图 3-16 所示。

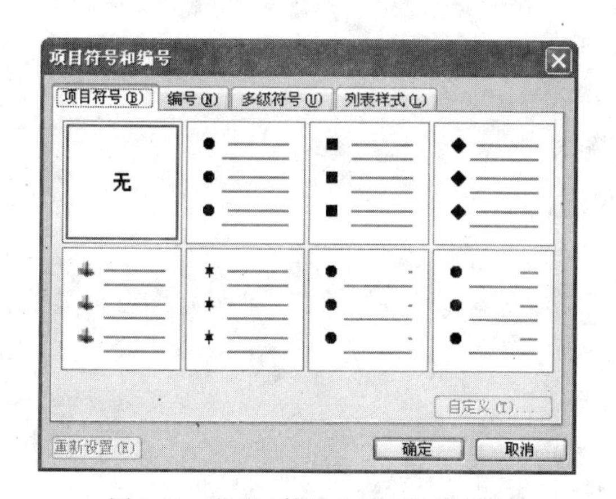

图 3-15 “项目符号和编号”对话框

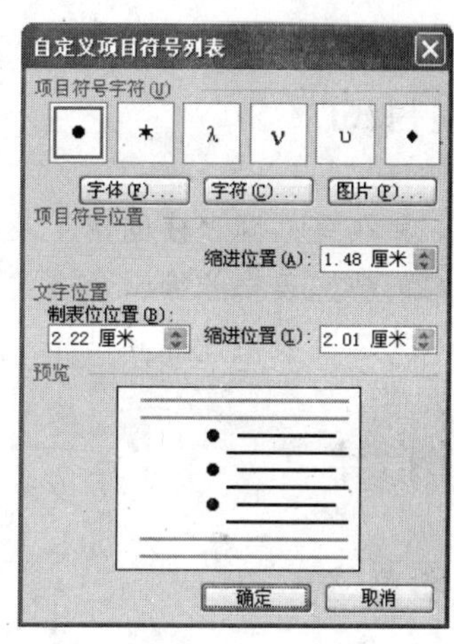

图 3-16 “自定义项目符号列表”对话框

(3) 单击“字符”按钮，打开“符号”对话框，在其中的列表框中选择符号“🕮”，如图 3-17 所示。

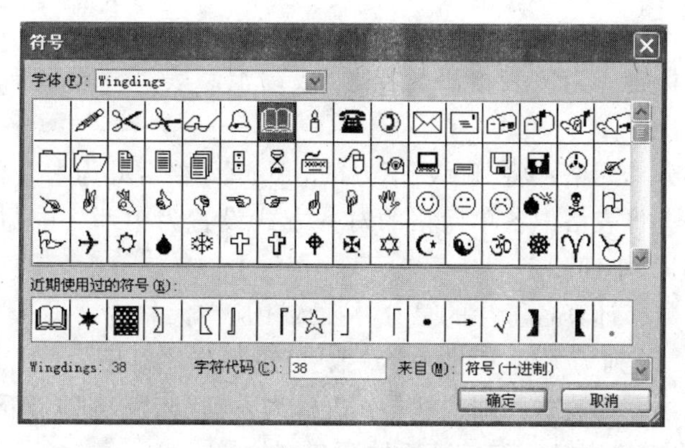

图 3-17 “符号”对话框

(4) 单击“确定”按钮,完成段落项目符号的设置。

所有操作设置完成后,文档格式为样文 3-6 所示。

【样文 3-6】

🕮 Our knowledge of the universe is growing all the time. Our knowledge grows and the universe develops. Thanks to space satellites, the world itself is becoming a much smaller place and people from different countries now understand each other better.

🕮 Look at your watch for just one minute. During that time, he population of the world increased by 259. Perhaps you think that isn't much. However, during the next hour, over 15540 more babies will be born on the earth.

实验 3-3 文档表格的创建与设置

实验目的

(1) 熟练掌握表格的建立及内容的输入。

(2) 掌握表格的编辑及格式化。

(3) 掌握表格计算和排序。

操作指导

案例 3-4

创建表格如样文 3-7 所示,按要求完成如下操作:

(1) 创建表格并录入文字。将光标置于文档第一行,创建一个 6 行 8 列的表格,并录入文字。

(2) 表格行和列的操作。将“班级”列的后一空白列删除,在表格的最后增加一列,列标题为“总分”。

(3) 添加表格标题。为该表格添加标题“成绩汇总表”,并设置标题为方正舒体、二号、蓝色、居中。

(4) 合并或拆分单元格。将“班级”下方的 5 个单元格合并为一个单元格。

(5) 表格格式。将表格中各单元格的对齐方式设置为中部居中;并将表格中的文本设置为楷体_GB2312、小四。

(6) 公式与函数。计算各考生的总分并插入相应单元格内。

(7) 排序。以“D”列为关键字,类型为“数字”进行降序排序。

(8) 边框和底纹。为表格添加边框:外边框为方框、蓝色、6 磅、细线;内边框为红色、1 磅、虚线(1);并为表格中第一行标题添加黄色底纹。

【样文 3-7】

学号	性别	班级		姓名	语文	数学	英语
1201	女	1		耿萌	96	75	82
1202	男			孙浩	102	90	106
1203	女			牛栋	60	11	27
1204	男			王衍	98	90	82
1205	男			郝鹏	103	45	66

1. 在 Word 文档中创建表格

创建表格的操作步骤如下：

(1) 启动 Word 2003，进入 Word 窗口。

(2) 将光标定位于文档第一行，选择"表格"→"插入"→"表格"命令，弹出"插入表格"对话框，在"行数"数值框中选择或输入"6"，在"列数"数值框中选择或输入 8，单击"确定"按钮，插入表格，并在表格中输入内容。

2. Word 表格中的行、列操作

表格行、列的操作步骤如下：

(1) 将光标定位于"班级"列后面空白列的任一单元格。

(2) 右击鼠标，在弹出的快捷菜单中选择"删除"命令，打开"删除单元格"对话框，选择"删除整列"单选按钮，如图 3-18 所示。

(3) 单击"确定"按钮，完成删除列的操作。

(4) 将光标定位于表格最后一列"英语"列的任一单元格。

(5) 选择"表格"→"插入"→"列(在右侧)"命令，将在"英语"列的后面插入一空白列，并在该列第一个单元格中输入"总分"。

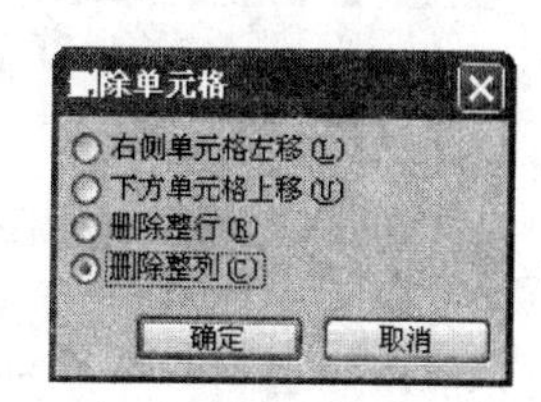

图 3-18 "删除单元格"对话框

3. 添加表格标题

添加表格标题的操作步骤如下：

(1) 选中表格，按下 Ctrl+Shift 组合键在表格前面插入一个空白行。

(2) 输入文字"成绩汇总表"，对该标题进行字符设置，具体操作可参考前面的例子或教材的相关内容。

4. Word 表格格式

设置表格格式的操作步骤如下：

(1) 右击整个表格，在弹出的快捷菜单中选择"单元格对齐方式"→▤命令，对表格中各单元格进行中部居中。

(2) 字体的设置同前面所讲述的实例。

5. Word 表格的计算

表格计算的操作步骤如下：

(1) 将光标定位在“总分”列下的第一个单元格。

(2) 选择“表格”→“公式”命令，打开“公式”对话框，如图 3-19 所示。

(3) 单击“确定”按钮，完成计算。

(4) 下面几个单元格的计算同上述步骤。

6. Word 表格中的数据处理

表格排序的操作步骤如下：

(1) 将光标置于表格中的任意一个单元格。

(2) 选择“表格”→“排序”命令，打开“排序”对话框，在“列表”选项区域选择“有标题行”单选按钮，设置主要关键字为“数学”，类型为“数字”，并选择“降序”单选按钮，如图 3-20 所示。

(3) 单击“确定”按钮，完成操作。

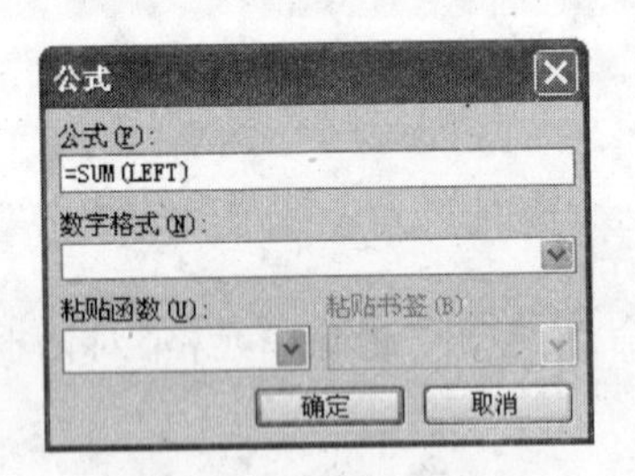

图 3-19 “公式”对话框

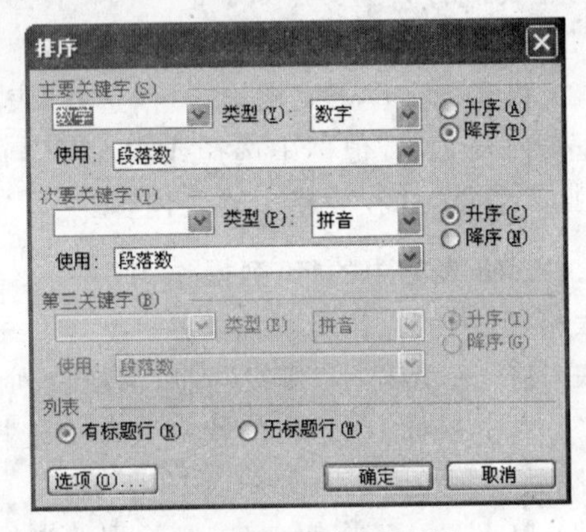

图 3-20 “排序”对话框

7. Word 表格中单元格操作

合并单元格的操作步骤如下：

(1) 选中“班级”下方的 5 个单元格。

(2) 右击鼠标，在弹出的快捷菜单中选择“合并单元格”命令。

8. Word 表格的边框与底纹

为表格添加边框及底纹的操作步骤如下：

(1) 选中整个表格。

(2) 右击鼠标，在弹出的快捷菜单中选择“边框和底纹”命令，打开“边框和底纹”对话框。

(3) 选择“边框”选项卡，在“设置”选项区域选择“方框”样式，在“线型”列表框中选择“单实线”，在“颜色”下拉列表中选择“蓝色”，在“宽度”下拉列表中选择“6 磅”，设置好外边框。

(4) 再次在“设置”选项区域中选择“自定义”样式，同上述方法，选择内边框的线型、颜色及宽度，并在预览区中的表格内部横向、纵向各单击一下，应用此设置，如图 3-21 所示。

(5) 单击“确定”按钮，完成表格内、外边框的设置。

(6) 选中表格中的第一行，同上述方法，打开“边框和底纹”对话框，选择“底纹”选项卡，在“填充”选项区域中选择“黄色”，如图 3-22 所示。

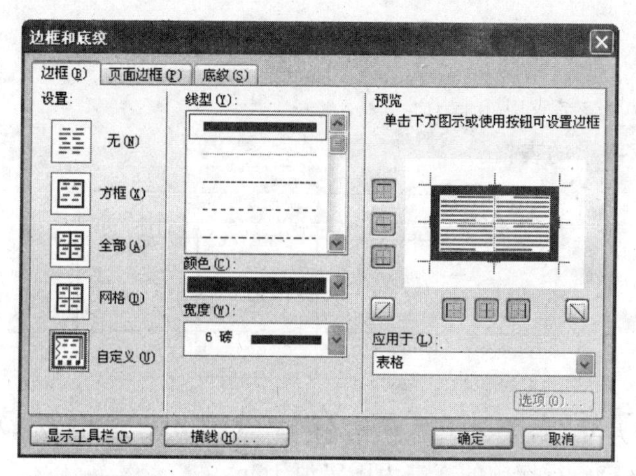

图 3-21 “边框和底纹”对话框中的“边框”选项卡

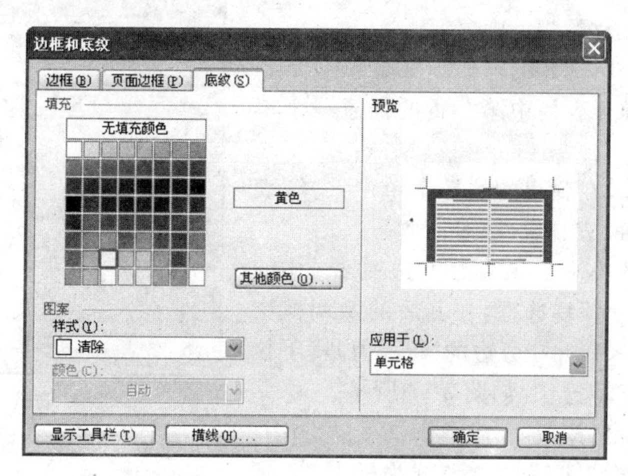

图 3-22 “边框和底纹”对话框中的“底纹”选项卡

(7) 单击“确定”按钮,完成底纹的设置。

所有操作设置完成后,文档格式为样文 3-8 所示。

【样文 3-8】

成绩汇总表

学号	性别	班级	姓名	语文	数学	英语	总分
1201	女	1	耿萌	96	75	82	253
1202	男		孙浩	102	90	106	253
1203	女		牛栋	60	11	27	506
1204	男		王衍	98	90	82	1012
1205	男		郝鹏	103	45	66	2024

案例 3-5

创建一个新文档，完成以下操作：

(1) 创建如下所示的表格。

A	B	C	D
66	1	56	51
91	2	86	65
82	1	93	82

(2) 以"B"列为主关键字，"D"列为次关键字，类型为"数字"进行有标题行递增排序。

(3) 设置表格第一行标题的行高为固定值 1cm。

第(1)、(2)题的操作此处省略，具体操作可参考前面的例子或教材的相关内容。

设置表格第一行标题的操作步骤如下：

(1) 将光标置于表格中第一行的任意一个单元格中。

(2) 右击鼠标，在弹出的快捷菜单中选择"表格属性"命令，打开"表格属性"对话框。

(3) 选择"行"选项卡，在"尺寸"选项区域中的行中选中"指定高度"复选框，在其后的微调框中选择或输入"1 厘米"，并在旁边的"行高值是"下拉列表中选择"固定值"选项，如图 3-23 所示。

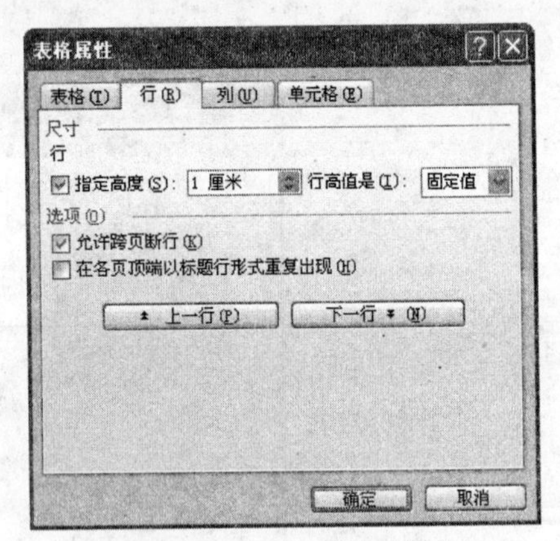

图 3-23 "表格属性"对话框

(4) 单击"确定"按钮，完成操作。

所有操作设置完成后，文档格式为样文 3-9 所示。

【样文 3-9】

A	B	C	D
66	1	56	51
82	1	93	82
91	2	86	65

实验 3-4 文档的版面设置与编排

实验目的

(1) 熟练掌握 Word 文档的页面排版。

(2) 掌握图片、图形、文本框、艺术字的插入、编辑和格式化的方法。

(3) 掌握图片和文字混合排版的方法。

(4) 掌握在文档中输入公式的方法。

操作指导

案例 3-6

打开样文 3-10,完成下列操作:

(1)页面设置。纸型为 A4;页边距为上、下各 2.7 厘米,左、右各 3 厘米。

(2) 艺术字。标题(国际足联的"世界杯")设置为艺术字,艺术字式样为第 3 行第 2 列,字体为华文新魏,形状为左远右近,阴影为阴影样式 3,环绕方式为四周型。

(3) 分栏。将正文第一段设置为两栏格式,第一栏栏宽为 14 字符,间距为 2 字符。

(4) 首字下沉。将正文第二段设置首字下沉,下沉 2 行。

(5) 图片。在正文第二段的末尾插入任意一张来自于文件的图片,图片缩放为 70%。

(6) 页眉和页脚。添加页眉文字"国际足联的世界杯",居中。

【样文 3-10】

国际足联的"世界杯"

"女神杯"由巴黎著名的首饰技师弗列乐精心铸造。弗列乐选定了希腊神话中的胜利女神——长翅膀的巴凯做模特儿。女神身穿古罗马式的束腰紧身衣,伸直双臂,手中捧着一只大杯。这个小雕像,是用纯金铸造的,重一点八公斤,立在大理石底座上,高三十米,是当年世界体育奖品中最豪华的一种。1956 年,国际足联在卢森堡召开的代表会议上,决定把锦标赛的名称改为:"雷米特杯赛"。

按照 FIFA 规定:"女神杯"为流动奖品,哪个国家获得了冠军称号,可以把奖杯保存四年,到下届足球赛前交还给 FIFA。另外,FIFA 还规定:如果哪个国家三次获得了冠军称号,那么这只"女神杯"就永远归其所有。在 1970 年墨西哥举行第九届世界杯足球赛时,乌拉圭、意大利、巴西都已获得达两次冠军称号,他们都有永远占有这一金杯的机会。结果巴西队取得了胜利,占有了 FIFA 所设的"女神杯"。

1. Word 页面设置

页面设置的操作步骤如下:

(1) 选择"文件"→"页面设置"命令,打开"页面设置"对话框。

(2) 在"页边距"选项卡中设置上、下边距各为 2.7 厘米,左、右边距各为 3 厘米,如图 3-24 所示。在"纸张"选项卡中,在"纸张大小"选项区域中的下拉列表中选择"A4",如图 3-25 所示。

(3) 单击"确定"按钮。

2. Word 中的艺术字

设置艺术字的操作步骤如下:

(1) 选中文档第一行标题。

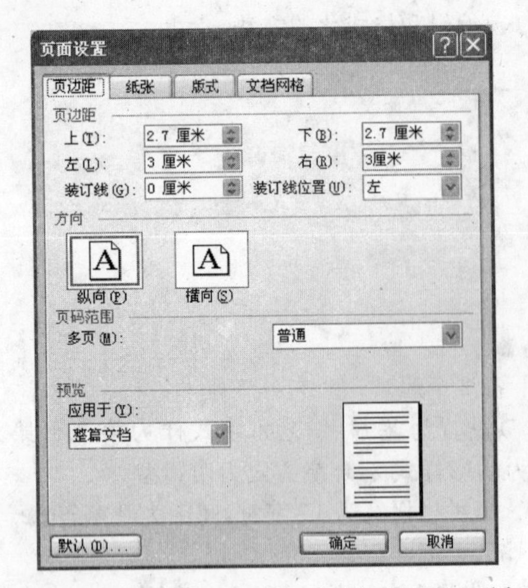

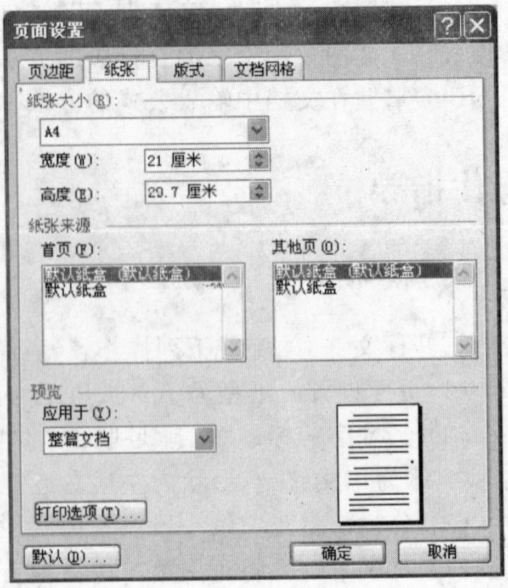

图 3-24 “页面设置”对话框中的“页边距”选项卡

图 3-25 “页面设置”对话框中的“纸张”选项卡

(2) 单击“绘图”工具栏(如图 3-26 所示)中的“插入艺术字”按钮，打开“艺术字”对话框，选自艺术字样式为“第 3 行第 2 列”。

图 3-26 “绘图”工具栏

(3) 单击“确定”按钮，打开“编辑‘艺术字’文字”对话框，在“字体”下拉列表中选择“华文新魏”，如图 3-27 所示，单击“确定”按钮，与此同时，打开“艺术字”工具栏。

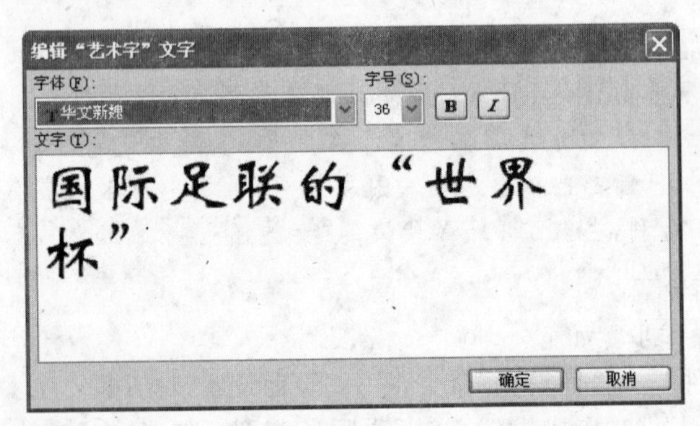

图 3-27 “编辑‘艺术字’文字”对话框

(4) 在“艺术字”工具栏中单击“艺术字形状”按钮，在弹出的下拉框中选择“左远右近”样式，如图 3-28 所示，应用此样式。

(5) 选中艺术字，单击“绘图”工具栏中的“阴影样式”按钮，选择样式为“阴影样式 3”。

(6) 右击，在弹出的快捷菜单中选择“设置艺术字格式”命令，打开“设置艺术字格式”对话框，选择“版式”选项卡，选择“环绕方式”为“四周型”，如图 3-29 所示，单击“确定”按钮。

图 3-28 “艺术字”工具栏

图 3-29 “设置艺术字格式”对话框

3. 打印分栏

设置分栏效果的操作步骤如下：

(1) 选中正文的第一自然段，选择“格式”→“分栏”命令，打开“分栏”对话框。

(2) 将“预设”选项区域中的栏数设置为 2，在“宽度和间距”选项区域中取消对“栏宽相等”复选框的勾选，将栏 1 的宽度设置为“14 字符”，间距设置为“2 字符”，如图 3-30 所示。

(3) 单击“确定”按钮，完成操作。

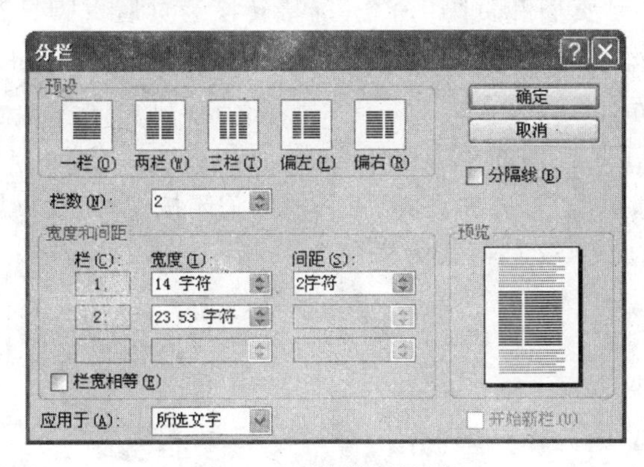

图 3-30 “分栏”对话框

4. 特殊效果设置

设置首字下沉的操作步骤如下：

(1) 将光标置于正文第二段的任意位置。

(2) 选择“格式”→“首字下沉”命令，打开“首字下沉”对话框，选择“位置”为“下沉”，在“选项”选项区域中将“下沉行数”设置为“2”，如图 3-31 所示。

(3) 单击“确定”按钮，完成操作。

5. 在 Word 栏中插入对象

插入图片的操作步骤如下：

(1) 将光标置于正文第二段的末尾，选择“插入”→“图片”→“来自文件”命令，打开

"插入图片"对话框，选择要插入的图片，单击"确定"按钮，图片将被插入到指定的位置。

(2) 双击该图片，将打开"设置图片格式"对话框，在"大小"选项卡中的"缩放"选项区域中将图片的"高度"及"宽度"均设为"70%"，如图 3-32 所示。

(3) 单击"确定"按钮，完成操作。

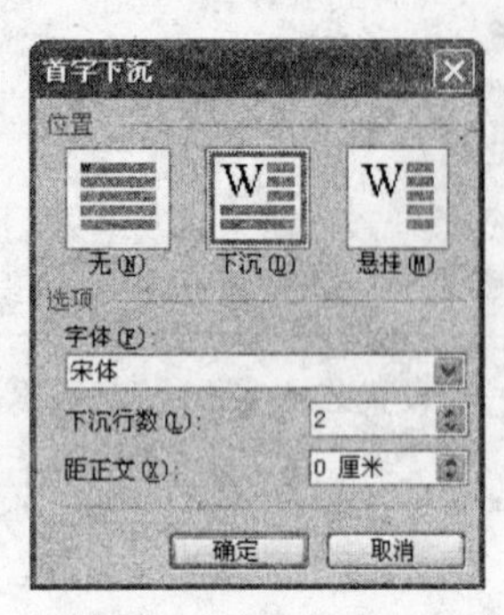

图 3-31 "首字下沉"对话框

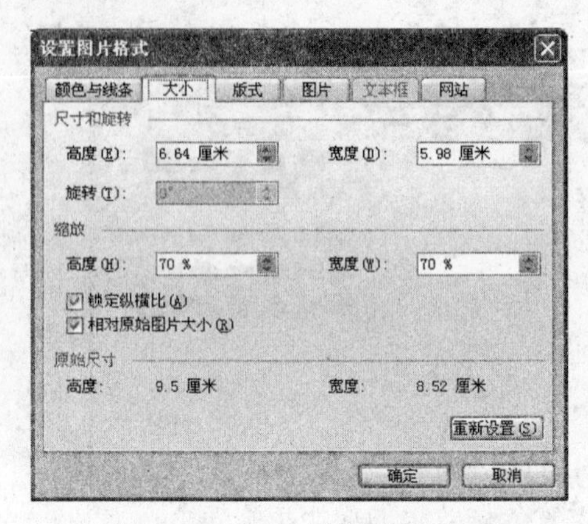

图 3-32 "设置图片格式"对话框

6. 页眉与页脚

设置页眉和页脚的操作步骤如下：

(1) 选择"视图"→"页眉和页脚"命令，屏幕转换为页眉页脚显示方式，同时显示"页眉和页脚"工具栏。此时，文档编辑区的内容变灰显示，光标自动定位在页眉区，此时输入文字"国际足联的世界杯"。

(2) 单击"格式"工具栏中的居中按钮▤，将页眉内容居中。

(3) 设置完毕后，单击"页眉和页脚"工具栏的关闭按钮，完成页眉的编辑操作。

所有操作设置完成后，文档格式为样文 3-11 所示。

【样文 3-11】

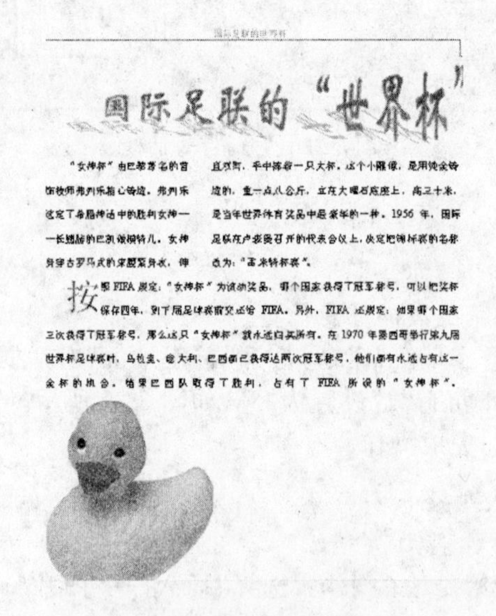

国际足联的世界杯

国际足联的"世界杯"

"女神杯"由巴黎著名的首饰技师弗列乐精心铸造。弗列乐选定了希腊神话中的胜利女神——长翅膀的巴凯娅模特儿。女神身穿古罗马式的束腰紧身衣，伸直双臂，手中捧着一只大杯。这个小雕像，是用纯金铸造的，重一点八公斤，立在大理石底座上，高三十米，是当年世界体育奖品中最豪华的一种。1956 年，国际足联在卢森堡召开的代表会议上，决定把锦标赛的名称改为："雷米特杯赛"。

按照 FIFA 规定："女神杯"为流动奖品，哪个国家获得了冠军称号，可以把奖杯保存四年，到下届足球赛前交还给 FIFA。另外，FIFA 还规定：如果哪个国家三次获得了冠军称号，那么这只"女神杯"就永远归其所有。在 1970 年墨西哥举行第九届世界杯足球赛时，乌拉圭、意大利、巴西都已获得过两次冠军称号，他们都有永远占有这一金杯的机会。结果巴西队取得了胜利，占有了 FIFA 所设的"女神杯"。

验证性实验 3-1

输入下列内容建立一个 Word 文档，并完成下列操作：

风烟俱净，天山共色，从流飘荡，任意东西，自富阳至桐庐一百许里，奇山异水，天下独绝。水皆缥碧，千丈见底，游鱼细石，直视无碍，急湍甚箭，猛浪若奔，隔岸高山，皆生寒树，负势竞上，互相轩邈，争高直指，千百成群。泉水激石，泠泠作响，好鸟相鸣，嘤嘤成韵。蝉则千啭不穷，猿则百叫无绝，鸢飞戾天者，望峰息心，经纶世务者，窥谷忘返，横柯上蔽，在昼犹昏，疏条交映，有时见日。

(1) 给文章加上标题“与宋元思书”，标题居中、隶书、二号字、绿色。

(2) 在“天下独绝。”一句后插入考生文件夹中的图片“瀑布”，设置文字环绕方式为穿越型环绕。

(3) 正文设置为三号字，楷体_GB2312。

纸型设置为自定义大小(宽度：17.6cm，高度：25cm)，上、下、左、右页边距均设置为 2cm。

验证性实验 3-2

创建一个新文档，完成以下操作：

(1) 创建如下所示的表格。

A	B	C	D
65	68	80	71
90	78	81	83
85	78	90	90

(2) 在表格的最后增加一列，设置不变，列标题为“平均成绩”，计算各考生的平均成绩并插入相应单元格内。

(3) 为该表格添加一标题：汇总表，并设置标题：楷体_GB2312、二号、蓝色、居中。

(4) 以“D”列为关键字，类型为“数字”进行递增排序。

(5) 为表格添加边框：外边框为绿色、3 磅、细线；内边框为红色、3 磅、虚线(1)。

(6) 将文件以“SS97”为文件名保存到 D 盘。

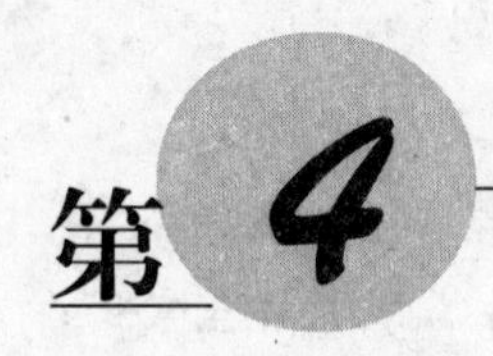

第4章 电子表格处理软件 Excel 2003

实验 4-1 Excel 2003 建立工作表操作

实验目的

(1) 掌握建立工作表的一般方法。

(2) 掌握管理工作表的一般方法。

操作指导

案例 4-1

如图 4-1 所示，按照下列内容建立一张工作表，并完成下列操作：

(1) 合并 A1:E1 单元格，内容居中。

(2) 删除 Sheet3 表。

(3) 将 Sheet1 重命名为“差旅费”。

	A	B	C	D	E
1	xxx差旅费一览表				
2	到达地点	交通费	住宿费	补助	合计
3	北京-上海	650	220	300	1170
4	北京-兰州	1,200.00	150	200	1550
5	北京-成都	1,100.00	180	200	1480

图 4-1 工作表内容

1. 合并单元格

合并单元格操作步骤如下：

(1) 选中 A1:E1 区域。

(2) 单击工具栏上的“合并及居中”按钮。

2. 工作表操作

删除和重命名工作表操作步骤如下：

(1) 右击 Sheet3 工作表标签，从弹出的快捷菜单中选择“删除”命令。

(2) 右击 Sheet1 工作表标签，从弹出的快捷菜单中选择“重命名”命令，输入“差旅费”。

实验 4-2　Excel 2003 数据计算及图表制作

实验目的

(1) 熟悉格式化操作和输入公式的基本方法。

(2) 掌握图表的建立和编辑方法。

操作指导

案例 4-2

如图 4-2 所示，按照下列内容建立一张工作表，并完成下列操作：

(1) 计算“人数”列的“合计”项和“所占比例”列(所占比例＝人数/合计)，结果保留 2 位小数。

(2) 选取“某大学在校生人数情况表”的“年级”列(不含“合计”列)和“所占比例”列，建立“分离型饼图”(系列产生在“列”)，标题为“在校生人数分年级比例图”，使该图表位于“某大学在校生人数情况表”的 A8:E18 单元格区域内。

1. 函数与公式

计算“人数”列的“合计”项和“所占比例”列操作步骤如下：

(1) 单击 B7 单元格，再单击工具栏上的“自动求和”按钮 Σ ▾，或选择“插入”→“函数”命令，然后再选择函数 SUM，如图 4-3 所示，在确认求和区域为 B3:B6 无误后按 Enter 键。

	A	B	C
1	某大学在校生人数情况表		
2	年级	人数	所占比例
3	一年级	4650	
4	二年级	3925	
5	三年级	3568	
6	四年级	3160	
7	合计		

图 4-2　某大学在校生人数情况表

	A	B	C	D
1	某大学在校生人数情况表			
2	年级	人数	所占比例	
3	一年级	4650		
4	二年级	3925		
5	三年级	3568		
6	四年级	3160		
7	合计	=SUM(B3:B6)		
8		SUM(number1, [number2], ...)		

图 4-3　使用 SUM 函数求和

(2) 如图 4-4 所示，在 C3 单元格中输入“＝B3/＄B＄7”，因为求所占比例的分母在复制公式时是不变化的，所以必须对 B7 单元格使用绝对引用。

(3) 在 B7 单元格输入公式并按 Enter 键求得结果，对于“数值”型数据，Excel 默认保留 2 位小数。也可以选择“格式”→“单元格”命令，在“单元格格式”对话框中的“数字”选项卡中选择“数值”，对“小数位数”重新进行设置。其他单元格的公式用“填充柄”复制，如图 4-5 所示。

	A	B	C
1	某大学在校生人数情况表		
2	年级	人数	所占比例
3	一年级	4650	=B3/$B$7
4	二年级	3925	
5	三年级	3568	
6	四年级	3160	
7	合计	15303	

图 4-4　输入公式

	A	B	C
1	某大学在校生人数情况表		
2	年级	人数	所占比例
3	一年级	4650	0.30
4	二年级	3925	0.26
5	三年级	3568	0.23
6	四年级	3160	0.21
7	合计	15303	

图 4-5　求所占比例

2. 创建图表

建立分离型饼图操作步骤如下：

(1) 按下 Ctrl 键，同时选中“年级”列和“所占比例”列。

(2) 选择“插入”→“图表”命令，在打开的“图表向导”对话框中先选择“饼图”中的“分离型饼图”，再单击“按下不放可查看示例”按钮，观察最终图效果，如图 4-6 所示。如果确认没有问题，按向导的步骤一步一步地往下做。

(3) 依题意，将完成的图表通过移动和压缩放置在 A8:E18 单元格区域内，如图 4-7 所示。

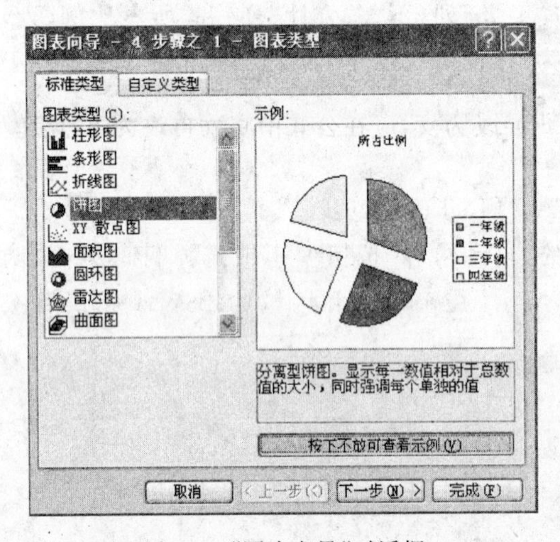

图 4-6　“图表向导”对话框

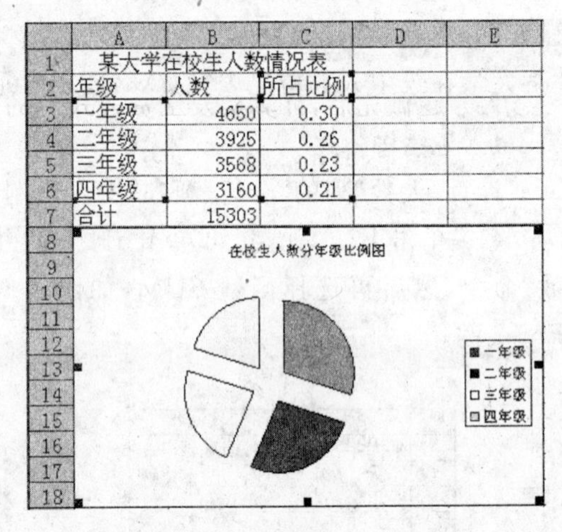

图 4-7　移动图表到 A8:E18 区域

案例 4-3

如图 4-8 所示，按照下列内容建立一张工作表，并完成下列操作：

(1) 将标题行“职工工资表”(A1:G1)合并居中，并将格式设为黑体，字号为 20。

(2) 在“路程”与“沈梅”之间插入一条记录，数据为“刘怡 F 230.60 100.00 0.0015.86”。

(3) 用公式求出实发工资(实发工资＝基本工资＋奖金＋补贴－房租)。

(4) 将所有性别为 M 的改为男，F 改为女。

	A	B	C	D	E	F	G
1	职工工资表						
2	姓名	性别	基本工资	奖金	补贴	房租	实发工资
3	刘惠民	M	315.32	253.00	100.00	20.15	
4	李宁宁	F	285.12	230.00	100.00	18.00	
5	张　鑫	M	490.34	300.00	200.00	15.00	
6	路　程	M	200.76	100.00	0.00	22.00	
7	沈　梅	F	580.00	320.00	300.00	10.00	
8	高　兴	M	390.78	240.00	150.00	20.00	
9	王　陈	M	500.60	258.00	200.00	15.00	
10	陈　岚	F	300.80	230.00	100.00	10.34	
11	周　媛	F	450.36	280.00	200.00	15.57	
12	王国强	M	200.45	100.00	0.00	18.38	
13	刘倩如	F	280.45	220.00	80.00	18.69	
14	陈雪如	F	360.30	240.00	100.00	22.00	
15	赵英英	F	612.60	450.00	300.00	20.00	

图 4-8　工作图表

(5) 将工作表 Sheet2 重命名为“工资表”，并复制职工工资表到该工作表 A2:G16 区域(不包括标题)。

(6) 在工作表“工资表”中以“姓名”和“实发工资”为数据区建立一个簇状柱形图图表，刻度最大值为 1500，主要刻度单位为 150，图表位置放在 A17:J35 区域内。

第(1)～(5)题的操作此处省略，具体操作可参考前面的例子或教材的相关内容。注意第(4)题做完后，计算实发工资公式中的 F 会改为女，应在公式中将女再改为 F，重新计算实发工资即可。

第(6)题经过相关的操作，可以得到原始的簇状柱形图图表，如图 4-9 所示。此时只要用鼠标双击该图表左边的“数值轴”，就会出现图 4-10 所示的“坐标轴格式”对话框，在“刻度”选项卡中将“最大值”修改为 1500，“主要刻度单位”修改为 150 即可(注意修改值后，这两处的复选框选中状态自动消失，不要再选中)。

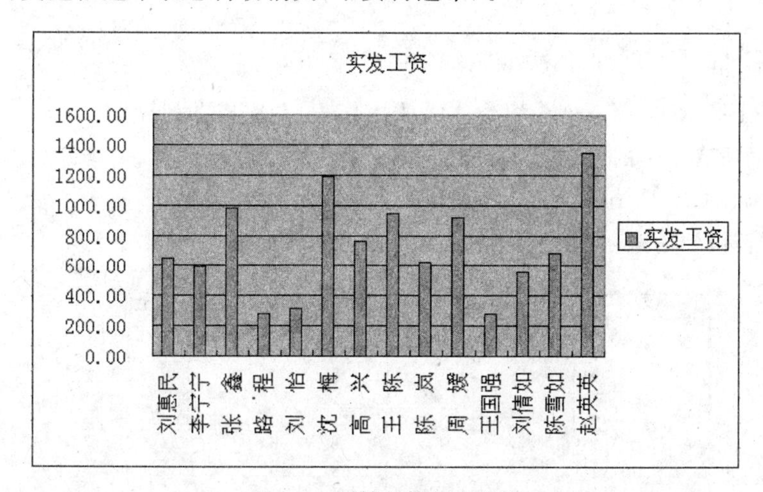

图 4-9　原始的簇状柱形图

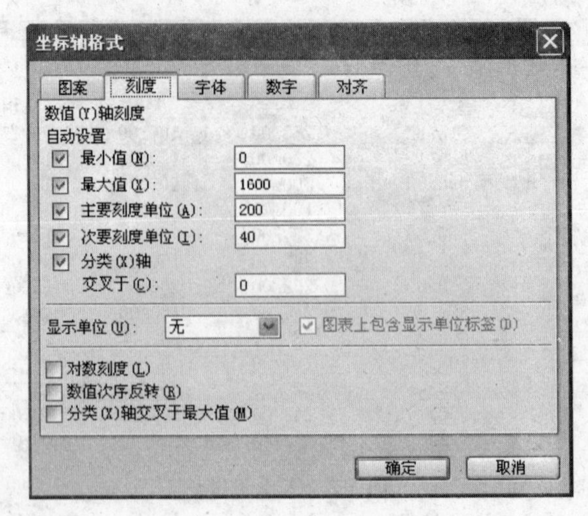

图 4-10 “坐标轴格式”对话框

实验 4-3 Excel 2003 公式与函数

实验目的

(1) 熟悉公式及函数的使用。

(2) 掌握复制公式及函数的方法。

操作指导

案例 4-4

如图 4-11 所示，按照下列内容建立一张工作表，并完成下列操作：

(1) 计算所有学生的总分。

(2) 用函数 COUNTIF()统计各学科≥90 分的人数。

(3) 将统计结果按科目用簇状柱形图表示出来存放到 Sheet1 中。

	A	B	C	D	E	F	G	H	I	J
1	学号	姓名	语文	数学	英语	生物	历史	政治	地理	总分
2	1101	李冰	96	75	93	83	60	80	81	
3	1102	耿萌萌	102	90	106	93	88	91	90	
4	1103	孙浩	60	11	27	20	33	60	52	
5	1104	牛栋	98	90	91	90	98	92	94	
6	1105	王衍银	103	95	96	80	80	90	95	
7	1106	郝鹏	101	46	62	65	90	86	61	
8	1107	刘红	63	18	17	16	37	57	25	
9	≥90分人数									

图 4-11 各科成绩工作表

1. SUM()函数与 COUNTIF()函数

计算总分操作步骤如下：

(1) 在 J2 单元格中插入函数 SUM。

(2) 用“填充柄”复制其他单元格。

使用函数 COUNTIF 作统计计算操作步骤如下：

(1) 在 C9 单元格中插入统计函数 COUNTIF，出现图 4-12 所示“函数参数”对话框，在 Range 文本框中输入“C2:C8”，在 Criteria 文本框中输入“>=90”，单击“确定”按钮，得到所求结果。

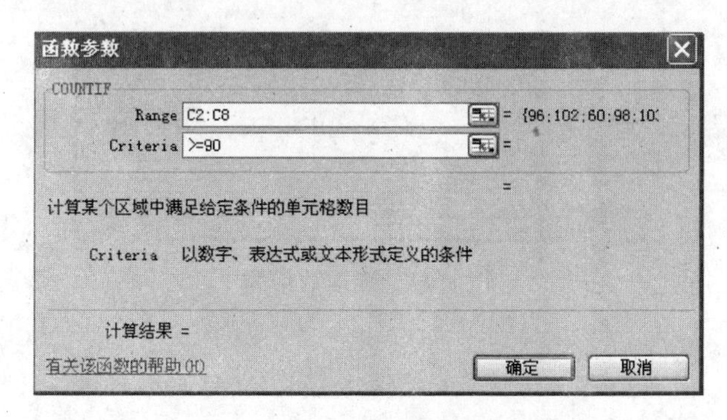

图 4-12 “函数参数”对话框

(2) 求其他单元格统计结果，用“填充柄”复制。

2. 建立簇状图

建立簇状柱形图表操作步骤如下：

(1) 根据题目分析可以知道，作图需要选择的数据源是各科目和≥90 分人数的统计结果，如图 4-13 所示。

	A	B	C	D	E	F	G	H	I	J
1	学号	姓名	语文	数学	英语	生物	历史	政治	地理	总分
2	1101	李冰	96	75	93	83	60	80	81	568
3	1102	耿萌萌	102	90	106	93	88	91	90	660
4	1103	孙浩	60	11	27	20	33	60	52	263
5	1104	牛栋	98	90	91	90	98	92	94	653
6	1105	王衍银	103	95	96	80	80	90	95	639
7	1106	郝鹏	101	46	62	65	90	86	61	511
8	1107	刘红	63	18	17	16	37	57	25	233
9	≥90分人数		5	3	4	2	2	3	3	

图 4-13 选择数据源

(2) 其余操作可仿照建立分离型饼图操作步骤，只是在“图表向导”步骤之 2 选择“系列”选项卡，单击“名称”文本框右侧的折叠按钮以折叠文本框，再单击工作表中的 A9 单元格，然后单击折叠按钮展开文本框（也可以在“名称”文本框中输入“≥90 分人数”），以替代图例“系列 1”，如图 4-14 所示。

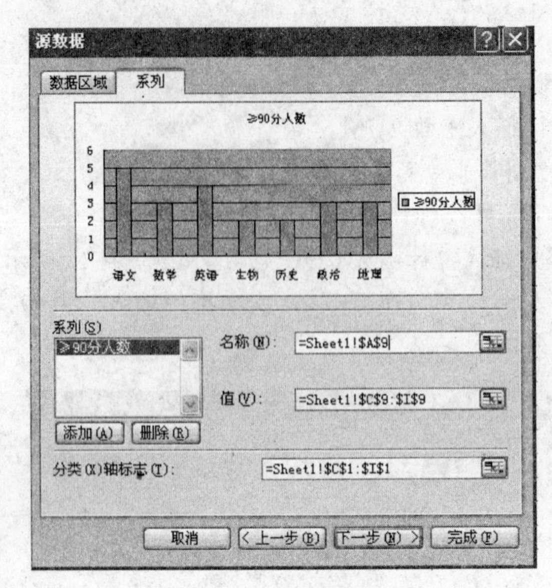

图 4-14　选择数据源

案例 4-5

如图 4-15 所示,按照下列内容建立一张工作表,并完成下列操作:

(1) 用函数 RANK 根据平均分字段完成"名次"字段的填写(注:一定要按照先填写 I2:I5 之中某一单元格公式后,其他单元格复制(可用填充柄)的方法完成此题,最高分填 1(第 1 名),依此类推)。

(2) 将 A1:I5 单元格内容居中,并将英语、数学、化学、总分、平均分 5 列单元格中小于 60 的单元格的字体用红色表示(注:随着单元格中数据值的变化,该单元格字体发生变化)。

	A	B	C	D	E	F	G	H	I
1	学号	姓名	英语	数学	化学	总分	平均	结论	名次
2	34180100	张力	50.0	80.0	60.0	190.0	63.3	及格	
3	34180101	李红	90.0	40.0	51.0	181.0	60.3	及格	
4	34180102	张明	88.0	50.0	65.0	203.0	67.7	及格	
5	34180103	王红	20.0	10.0	76.0	106.0	35.3	不及格	

图 4-15　工作表

1. RANK 函数

使用函数 RANK 计算名次操作步骤如下:

(1) 在 I2 单元格中插入统计函数 RANK(),出现图 4-16 所示"函数参数"对话框,在指定的 Number(用来比较该数字在一列数字中相对其他数值的大小)文本框中输入"G2",在 Ref(对一组数的引用)文本框中输入"$G$2:$G$5",单击"确定"按钮,得到所求结果。

(2) 求其他单元格统计结果,用"填充柄"复制。

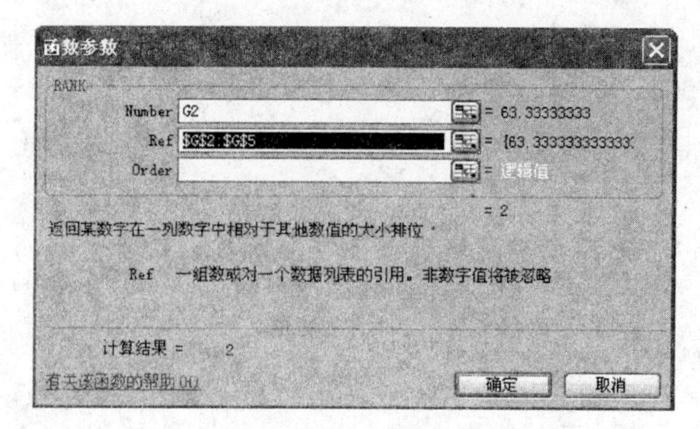

图 4-16 “函数参数”对话框

2. 条件格式的使用

使用条件格式显示数据操作步骤如下：

(1) 依题意选中 C2:G5 区域。

(2) 选择“格式”→“条件格式”命令，出现图 4-17 所示“条件格式”对话框，在左侧的下拉列表中选择“小于”，在右侧的下拉列表框中输入“60”，单击“格式”按钮，在出现的“单元格格式”对话框中选择字体颜色为“红色”，再返回“条件格式”对话框，单击“确定”按钮。

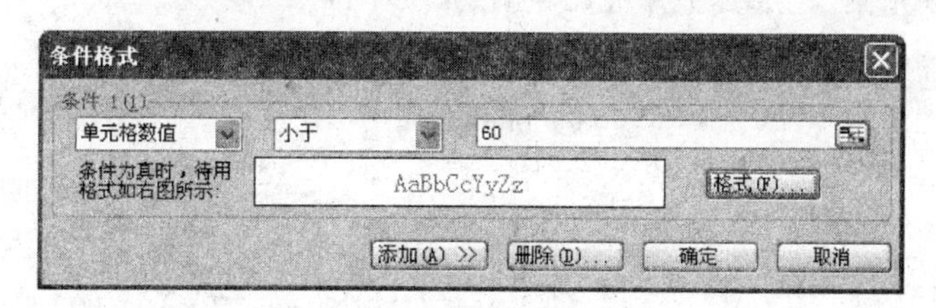

图 4-17 “条件格式”对话框

案例 4-6

如图 4-18 所示，按照下列内容建立一张工作表，并完成下列操作：

(1) 利用公式填写评语，条件是：月考 1 与月考 4 成绩比较，如月考 1 大于月考 4，则评语为“成绩退步，严重警告中”；如果月考 4 大于月考 1 成绩 40 分以上，则评语为“进步神速，希更加努力”；除此以外的情况评语都为“进步平平，望加倍努力”。

	A	B	C	D	E	F	G	H
1	亭山中学高一3班2003第一学期成绩表							
2	姓名	性别	月考1	月考2	月考3	月考4	个人平均成绩	评语
3	华无缺	男	500	520	510	530		
4	万人迷	女	480	490	530	540		
5	英山红	女	544	530	544	530		
6	李寻密	男	458	440	425	400		
7	刘德华	男	564	580	588	600		
8	黄蓉	女	477	520	530	540		
9	阿杜	男	498	450	500	506		
10	东方玉	女	399	458	500	563		
11	余有志	男	488	500	520	530		
12	吴用	男	468	490	450	500		
13	平均分		489.7778	498.6667	516.3333	526.5556		

图 4-18 工作表

(2) 修正表格里设定的错误公式,并重新更正原有数据(提示:使用 AVERAGE 算出平均分)。

(3) 将 4 次月考平均成绩大于 550 的同学的姓名以蓝色加粗突出表示(提示:利用求平均公式以及筛选功能)。

(4) 根据表格的特点,给表格制作一张能够反映某同学 4 次月考成绩升降情况的独立图表(要求:图表类型为簇状柱形图,图表标题为"月考成绩情况表",显示数据标志,其他的可取舍,图表名称为"图表 1")。

(5) 删除工作表 Sheet2、Sheet3。

(6) 标题部分使用楷体_GB2312,加粗。并给表格加上蓝色表格边框线(标题除外),使表格看起来更美观。

1. IF 函数

使用逻辑函数 IF 填写评语操作步骤如下:

(1) 单击 H3 单元格,根据题意在编辑栏内输入"=IF(F3-C3<0,"成绩退步,严重警告中",IF(F3-C3>40,"进步神速,希更加努力","进步平平,望加倍努力"))",按 Enter 键完成 H3 单元格的评语(注意:在英文输入法下输入上述非中文符号)。

(2) 利用"填充柄"完成其他单元格的评语,如图 4-19 所示。

H3 =IF(F3-C3<0,"成绩退步,严重警告中",IF(F3-C3>40,"进步神速,希更加努力","进步平平,望加倍努力"))

	A	B	C	D	E	F	G	H	I	J	K
1	亭山中学高一3班2003第一学期成绩表										
2	姓名	性别	月考1	月考2	月考3	月考4	个人平均成绩	评语			
3	华无缺	男	500	520	510	530		进步平平,望加倍努力			
4	万人迷	女	480	490	530	540		进步神速,希更加努力			
5	英山红	女	544	530	544	530		成绩退步,严重警告中			
6	李寻密	男	458	440	425	400		成绩退步,严重警告中			
7	刘德华	男	564	580	588	600		进步平平,望加倍努力			
8	黄蓉	女	477	520	530	540		进步神速,希更加努力			
9	阿杜	男	498	450	500	506		进步平平,望加倍努力			
10	东方玉	女	399	458	500	563		进步神速,希更加努力			
11	余有志	男	488	500	520	530		进步神速,希更加努力			
12	吴用	男	468	490	450	500		进步平平,望加倍努力			
13	平均分		489.7778	498.6667	516.3333	526.5556		进步平平,望加倍努力			

图 4-19 填写评语

2. AVERAGE 函数

使用函数 AVERAGE 求平均分及个人平均成绩操作步骤如下:

(1) 在 C13 单元格插入函数 AVERAGE,确认所求区域 C3:C12 无误后,按 Enter 键。

(2) 利用"填充柄"求得 D3:F3 单元格区域的平均分。

(3) 同理,使用函数 AVERAGE 可以求得 G3:G12 区域的个人平均成绩。

自动筛选及格式化操作这里省略。

3. 创建簇状图

制作簇状柱形图的独立图表操作步骤如下:

(1) 依据题意选中姓名和 4 次月考成绩作为制作图表的数据源,如图 4-20 所示。

(2) 其余操作可仿照建立分离型饼图操作步骤进行,注意在向导步骤之 3 的"标题"选项卡中,将"图表标题"内填写"月考成绩情况表",在"数据标志"选项卡中选中"值",在

	A	B	C	D	E	F	G	H
1	亭山中学高一3班2003第一学期成绩表							
2	姓名	性别	月考1	月考2	月考3	月考4	个人平均成绩	评语
3	华无缺	男	500	520	510	530	515	进步平平，望加倍努力
4	万人迷	女	480	490	530	540	510	进步神速，希更加努力
5	英山红	女	544	530	544	530	537	成绩退步，严重警告中
6	李寻密	男	458	440	425	400	430.75	成绩退步，严重警告中
7	刘德华	男	564	580	588	600	583	进步平平，望加倍努力
8	黄蓉	女	477	520	530	540	516.75	进步神速，希更加努力
9	阿杜	男	498	450	500	506	488.5	进步平平，望加倍努力
10	东方玉	女	399	458	500	563	480	进步神速，希更加努力
11	余有志	男	488	500	520	530	509.5	进步神速，希更加努力
12	吴用	男	468	490	450	500	477	进步平平，望加倍努力
13	平均分		487.6	497.8	509.7	523.9		步平平，望加倍努力

图 4-20　选择数据源

向导步骤之 4 选中“作为新工作表插入”单选按钮，将 Chart1 改为“图表 1”，完成后如图 4-21 所示。

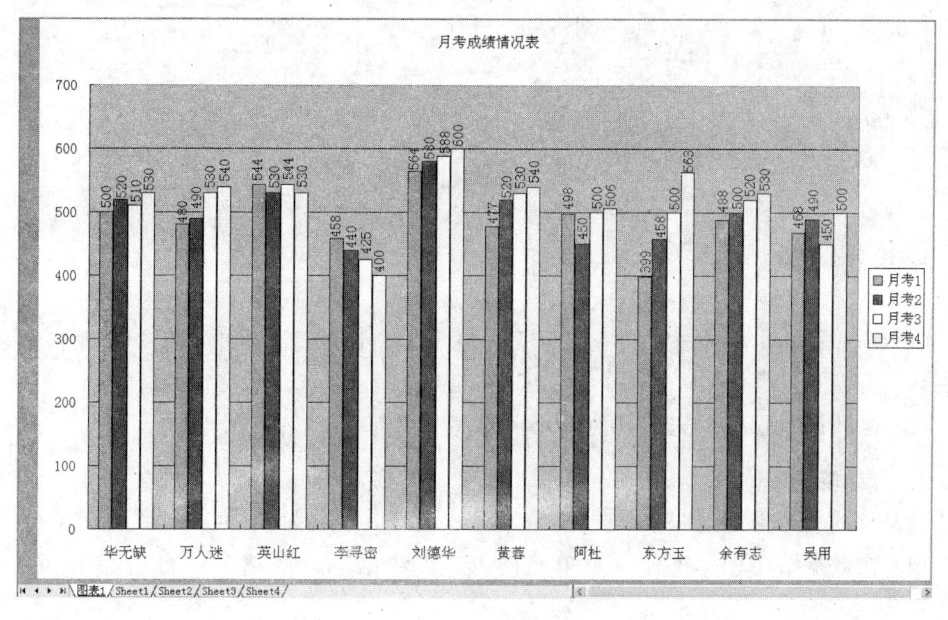

图 4-21　独立工作图表

该题删除工作表及格式化操作省略，边框线的设置参见教材 4.2.2 节。

实验 4-4　Excel 2003 数据管理

实验目的

(1) 掌握工作表中筛选记录的方法。

(2) 掌握排序及分类汇总的方法。

操作指导

案例 4-7

如图 4-22 所示，按照下列内容建立一张工作表，并完成下列操作：

(1) 计算表中的实发工资＝基本工资＋补助工资－扣款。

(2) 利用自动筛选筛选出“人事科”中基本工资大于或等于 1000 并且补助工资小于 180 的人员。

(3) 将筛选出的符合条件的最后一行字体设置为黑体，字形设置为粗体。

G2 =D2+E2-F2

	A	B	C	D	E	F	G
1	编号	科室	姓名	基本工资	补助工资	扣款	实发工资
2	1	人事科	滕燕	1000.00	120.00	15.00	1105.00
3	2	人事科	张波	1030.00	180.00	15.00	
4	3	人事科	周平	100.00	210.00	0.00	
5	4	教务科	杨兰	2102.00	150.00	70.10	
6	5	教务科	石卫国	2100.00	120.00	70.00	
7	9	财务科	扬繁	2000.00	220.00	65.00	
8	10	财务科	石卫平	2000.00	190.00	365.00	

图 4-22 数据清单

1. 设计公式

计算实发工资操作步骤如下：

(1) 在 G2 单元格中输入“＝D2＋E2－F2”，按 Enter 键后求得 G2 单元格的实发工资。

(2) 再利用“填充柄”完成其他单元格的实发工资。

2. 自动筛选

自动筛选操作步骤如下：

(1) 在数据清单中单击任一个单元格，选择“数据”→“筛选”→“自动筛选”命令，如图 4-23 所示。

	A	B	C	D	E	F	G
1	编号	科室	姓名	基本工	补助工	扣款	实发工资
2	1	人事科	滕燕	1000.00	120.00	15.00	1105.00
3	2	人事科	张波	1030.00	180.00	15.00	1195.00
4	3	人事科	周平	100.00	210.00	0.00	310.00
5	4	教务科	杨兰	2102.00	150.00	70.10	2181.90
6	5	教务科	石卫国	2100.00	120.00	70.00	2150.00
7	9	财务科	扬繁	2000.00	220.00	65.00	2155.00
8	10	财务科	石卫平	2000.00	190.00	365.00	1825.00

图 4-23 执行“自动筛选”后的数据清单

(2) 单击“科室”右侧的按钮，在出现的下拉列表中选择“人事科”，如图 4-24 所示。

(3) 单击“基本工资”右侧的按钮，在出现的下拉列表中选择“自定义”，打开图 4-25 所示的“自定义自动筛选方式”对话框，在左侧的下拉列表中选择“大于或等于”，在右侧的下拉列表框中输入“1000”，单击“确定”按钮。

	A	B	C	D	E	F	G
1	编号	科室	姓名	基本工资	补助工资	扣款	实发工资
2	1	升序排列 降序排列	滕燕	1000.00	120.00	15.00	1105.00
3	2		张波	1030.00	180.00	15.00	1195.00
4	3	(全部) (前 10 个...	周平	100.00	210.00	0.00	310.00
5	4	(自定义...) 财务科	杨兰	2102.00	150.00	70.10	2181.90
6	5	教务科	石卫国	2100.00	120.00	70.00	2150.00
7	9	人事科	杨繁	2000.00	220.00	65.00	2155.00
8	10	财务科	石卫平	2000.00	190.00	365.00	1825.00

图 4-24　筛选人事科

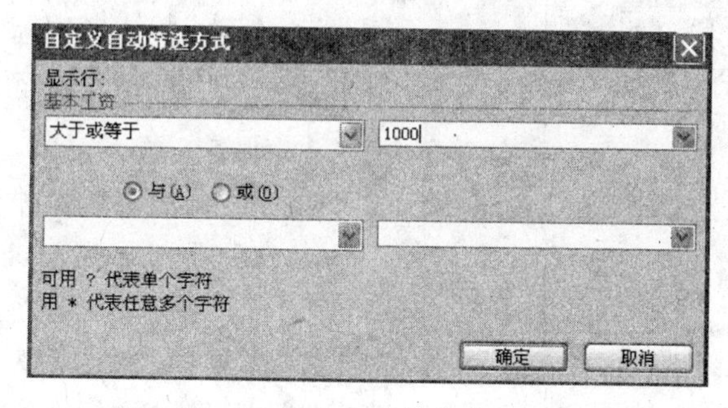

图 4-25　“自定义自动筛选方式”对话框

(4) 同理，可以筛选出补助工资小于 180 的人员，筛选最终结果如图 4-26 所示。

	A	B	C	D	E	F	G
1	编号	科室	姓名	基本工资	补助工资	扣款	实发工资
2	1	人事科	滕燕	1000.00	120.00	15.00	1105.00

图 4-26　自动筛选最终结果

Excel 的格式化操作与 Word 相同，在这里字体格式化操作步骤不再赘述。

案例 4-8

如图 4-27 所示，按照下列内容建立一张工作表，并完成下列操作：

(1) 计算出每一种商品的价值(价值＝单价×数量)，填入相应的单元格中。

(2) 将“单价”栏中的数据设置为货币样式，并将列宽设定为 20。

(3) 按商品名称的拼音字母顺序进行升序排列，并按商品名称对数量进行分类汇总求和(替换当前分类汇总，汇总结果显示在数据下方)。

	A	B	C	D
1	部分商品统计表			
2	商品名称	单价	数量	价值
3	电饭锅	135.00	31	
4	高压锅	65.00	22	
5	气压热水瓶	32.00	32	
6	气压热水瓶	36.00	12	
7	电饭锅	158.00	25	
8	高压锅	48.00	32	
9	气压热水瓶	35.00	26	
10	高压锅	58.00	43	
11	电饭锅	138.00	15	
12	高压锅	75.00	55	

图 4-27　工作表

1. 设计公式

计算出每一种商品的价值操作步骤如下：

(1) 在 D3 单元格中输入“＝B3 * C3”，按 Enter 键。

(2) 用“填充柄”复制公式求其他单元格的结果。

2. 设置货币样式

设置货币样式及列宽操作步骤如下：

(1) 将 B3:B12 区域选中，选择"格式"→"单元格"命令，出现图 4-28 所示的"单元格格式"对话框，在"数字"选项卡的"分类"列表框中选择"货币"，在"货币符号(国家/地区)"下拉列表中选择"￥"，单击"确定"按钮。

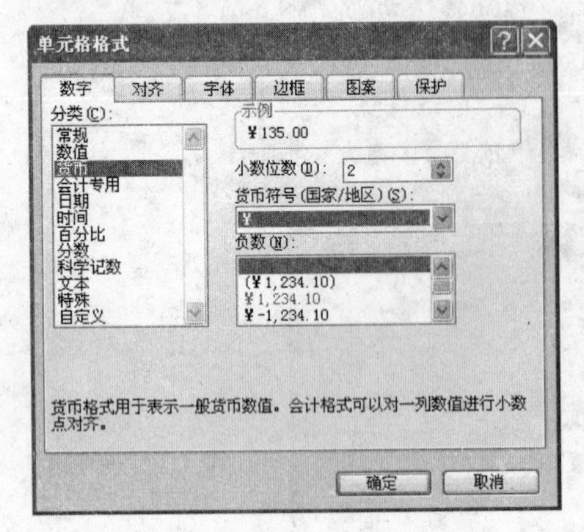

图 4-28 "单元格格式"对话框

(2) 选择"格式"→"列"→"列宽"命令，在出现的"列宽"对话框中输入"20"，单击"确定"按钮。

3. 排序汇总

排序及分类汇总操作步骤如下：

(1) 在进行分类汇总前，应先对数据清单进行排序，在数据清单中单击任一单元格，选择"数据"→"排序"命令，出现图 4-29 所示"排序"对话框，在"主要关键字"选项区域中的下拉列表中选择"商品名称"，单击"确定"按钮。

(2) 选择"数据"→"分类汇总"命令，出现图 4-30 所示"分类汇总"对话框，在"分类字段"下拉列表中选择"商品名称"，在"汇总方式"下拉列表中选择"求和"，在"选定汇总项"列表框中选择"数量"，最后单击"确定"按钮。

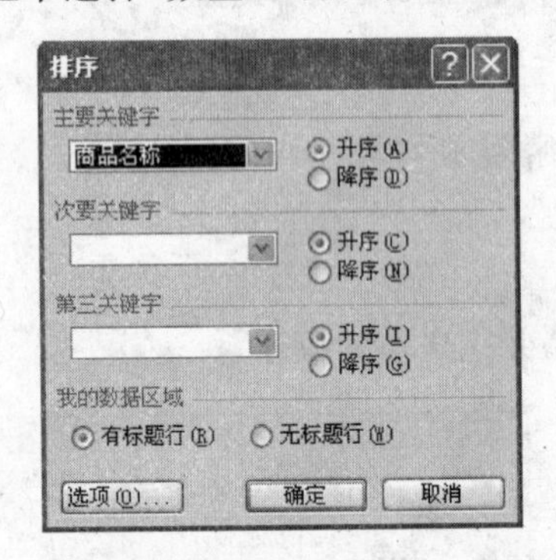

图 4-29 "排序"对话框

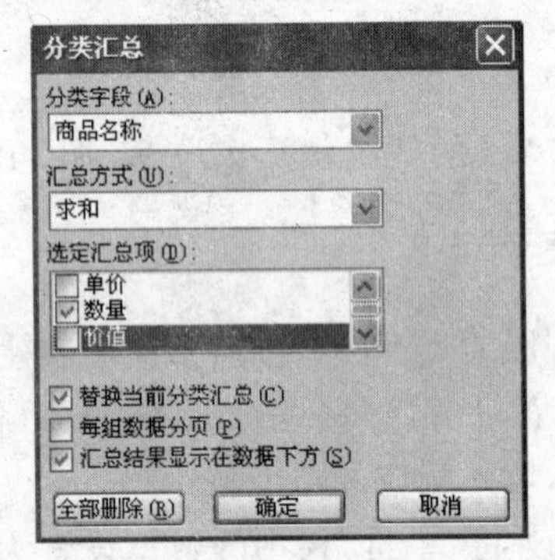

图 4-30 "分类汇总"对话框

验证性实验 4-1

如图 4-31 所示，按照下列内容建立一张工作表，并完成下列操作：

(1) 将标题改为红色楷体_GB2312，16 号字，标题行行高设为 30。

(2) 将歌手编号用 001、002、…、010 来表示，并居中(提示：把格式设为文本)。

(3) 求出每位选手的平均得分(保留两位小数)。

(4) 按平均得分将名次填入相应单元格(注意：不得改动各条记录间的顺序)。

(5) 将平均得分最高的前 3 名的所有信息用红色表示(使用条件格式设置)。

	A	B	C	D	E	F	G	H	I
1	青年歌手大奖赛得分统计表								
2	歌手编号	1号评委	2号评委	3号评委	4号评委	5号评委	6号评委	平均得分	名次
3	1	9.00	8.80	8.90	8.40	8.20	8.90		
4	2	5.80	6.80	5.90	6.00	6.90	6.40		
5	3	8.00	7.50	7.30	7.40	7.90	8.00		
6	4	8.60	8.20	8.90	9.00	7.90	8.50		
7	5	8.20	8.10	8.80	8.90	8.40	8.50		
8	6	8.00	7.60	7.80	7.50	7.90	8.00		
9	7	9.00	9.20	8.50	8.70	8.90	9.10		
10	8	9.60	9.50	9.40	8.90	8.80	9.50		
11	9	9.20	9.00	8.70	8.30	9.00	9.10		
12	10	8.80	8.60	8.90	8.80	9.00	8.40		

图 4-31　工作表 1

(6) 给整个表格加上蓝色细实线作为表格线,标题除外。

验证性实验 4-2

如图 4-32 所示,按照下列内容建立一张工作表,并完成下列操作:

(1) 计算学生的总分。

(2) 计算学生的平均分(结果保留一位小数)。

(3) 用函数 COUNTIF()统计各学科成绩≥20 分的人数。

(4) 将学生的姓名和平均分用簇状柱形图表示出来存放到 Sheet1 中。

	A	B	C	D	E	F	G	H
1	考号	姓名	理论	Word	Excel	PowerPoir	总分	平均分
2	7086	蔡会强	23	21	23	30		
3	7089	崔红玉	30	19	25	19		
4	7084	董云峰	28	21	22	28		
5	7083	荆延兵	27	26	21	19		
6	7113	刘永平	28	12	22	14		
7	7087	吕　霞	27	21	23	25		
8	7061	史　雷	16	21	16	15		
9	7108	王　倩	26	15	24	30		
10	7073	张善文	19	21	23	18		
11	7049	张新忠	25	22	22	29		
12	7068	张玉起	25	21	22	21		
13	≥20分人数							

图 4-32　工作表 2

第5章 演示文稿软件 PowerPoint 2003

实验 5-1 PowerPoint 2003 制作简单的演示文稿

实验目的

(1) 掌握建立演示文稿的一般方法。
(2) 掌握对新建的演示文稿进行调整的方法。
(3) 掌握在幻灯片中插入各种对象并对其设置的方法。

操作指导

案例 5-1

如图 5-1 所示，根据设计模板建立一个演示文稿，并完成下列操作：

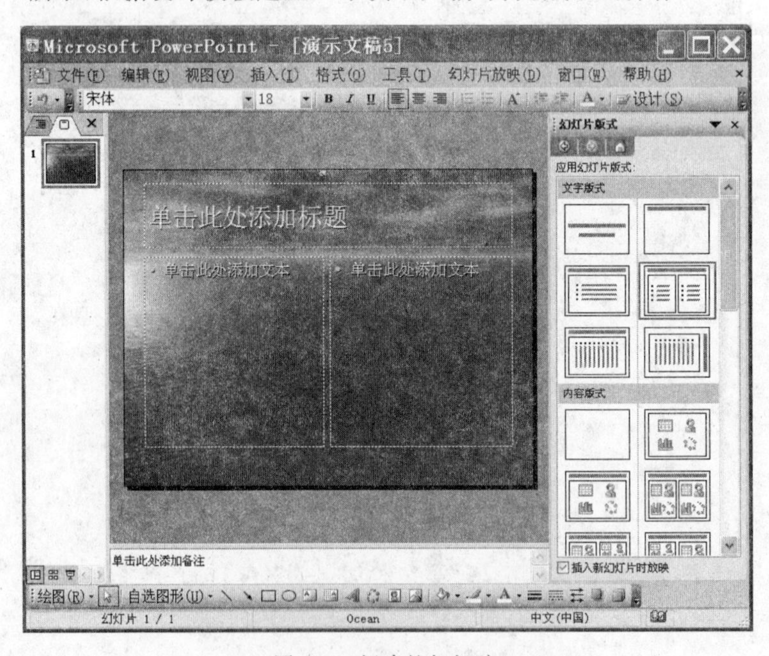

图 5-1 新建的幻灯片

(1) 新建一个采用 Ocean.dot 设计模板的幻灯片。

(2) 将新建的幻灯片的板式更改为“标题和两栏文本”类型。

操作步骤如下：

(1) 选择“文件”→“新建”命令。

(2) 在右侧的任务窗格单击“根据设计模板”命令，在弹出的模板中选择 Ocean.dot。

(3) 单击右侧任务窗格中的“新建演示文稿”下拉箭头，在弹出的菜单中选择“幻灯片板式”。

(4) 在右侧的任务窗格中选择“标题和两栏文本”类型。

案例 5-2

如图 5-2 所示，在幻灯片中插入一个图片，并完成下列操作：

(1) 调整图片的大小，并且把图片放到幻灯片的左上角。

(2) 把图片设置为“冲蚀”效果。

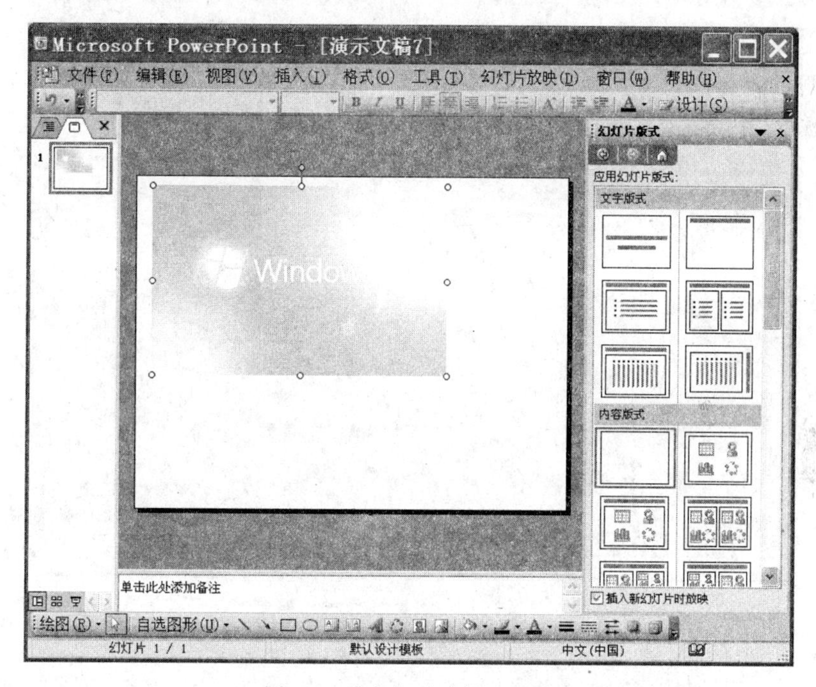

图 5-2　在幻灯片中插入图片

1. 插入图片

插入文件中图片的操作步骤如下：

(1) 选择“插入”→“图片”→“来自文件”命令。

(2) 在弹出的对话框中找到要插入的图片，单击“确定”按钮。这样就可以插入一幅图片。这幅图片可以来自计算机的硬盘和各种外接设备。

2. 设置图片格式

设置图片的主要操作步骤如下：

(1) 单击图片，周围会出现 8 个调整按钮，可以通过这些按钮调整图片的长和宽。

(2) 直接拖曳图片，把图片移动到幻灯片的左上角。

(3) 右击图片，在弹出的快捷菜单中选择“设置图片格式”命令，会弹出“设置图片格式”对话框，在“图片”选项卡中的“颜色”下拉列表中选择“冲蚀”效果。这样就设置完成了，冲蚀效果在以前版本的软件中叫做水印。

案例 5-3

如图 5-3 所示，在幻灯片中插入一个艺术字，并完成下列操作：

(1) 在幻灯片中插入一个名为“网络的应用”的艺术字。

(2) 设置艺术字的字体为“黑体”，字号为 40。

(3) 调整该艺术字的字库和艺术字形状。

图 5-3　艺术字的设置

插入艺术字的操作步骤如下：

(1) 选择“插入”→“图片”→“艺术字”命令。

(2) 在弹出的“艺术字库”对话框中选择一种需要的字库。

(3) 在紧接着的“编辑‘艺术字’”对话框中输入需要的文字“网络的应用”，然后调整它的字体和字号。

(4) 这样一个艺术字就添加到幻灯片中了，同时“艺术字”工具栏如图 5-4 所示，也悬浮在窗口中。

通过“艺术字”工具栏可以对新插入的艺术字进行调整，可以再插入艺术字，编辑艺术字的文字，重新设置一种艺术字库，设置艺术字的格式、形状等。当然，也可以单击右上角的按钮关闭它。当再次需要对艺术字进行详细设置的时候，可以先拖动鼠标选中该艺术字，然后把鼠标移动到选中的艺术字上右击，在弹出的快捷菜单中选择“显示艺术字工具栏”命令，这样工具栏就又出来了。

图 5-4 “艺术字”工具栏

案例 5-4

在幻灯片中插入一个图示，如图 5-5 所示。

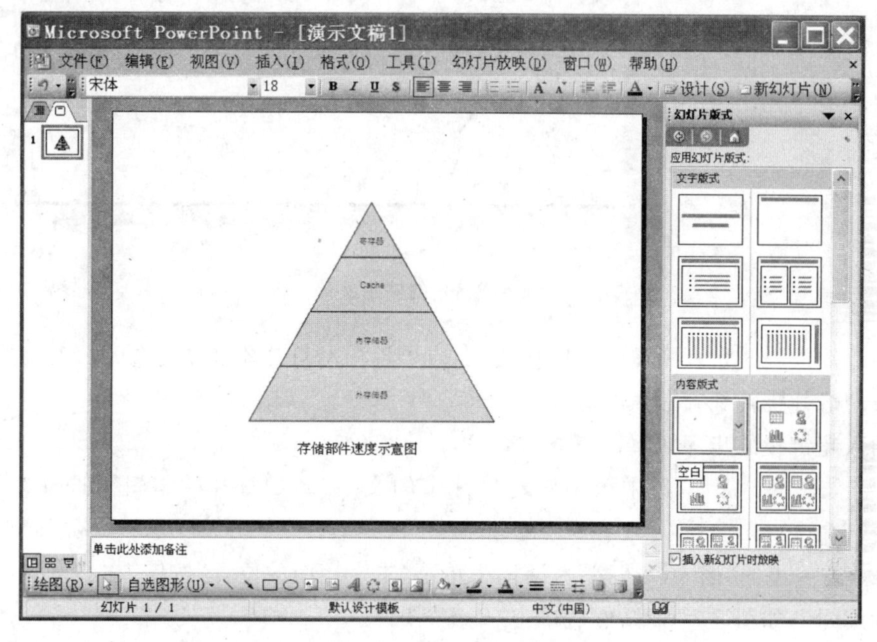

图 5-5 插入一个图示

插入、设置图示的主要操作步骤如下：

(1) 选择“插入”→“图示”命令。

(2) 在弹出的“图示库”对话框中选择图 5-5 所示的锥形图，然后单击“确定”按钮。

(3) 这样就插入了一个空的锥形图示，下面在这个图示中输入文字，如图 5-5 所示的“寄存器”、“cache”和“内存储器”。还少一个组件，首先选中最后一个组件“内存储器”，然后单击图示工具栏中的第一项“插入形状”，就可以在选中组件下方新插入一个组件，最后输入“外存储器”。

(4) 双击组件中的文字就可以选中它，然后通过选择“格式”→“字体”命令就可以对选中的文字进行更详细的设置。

(5) 通过“图示”工具栏除了可以插入新的组件外，还可以更改图示的形状、版式、自动套用的格式等。

案例 5-5

新建一个包含三张幻灯片的演示文稿,演示文稿的内容如图 5-6 所示。

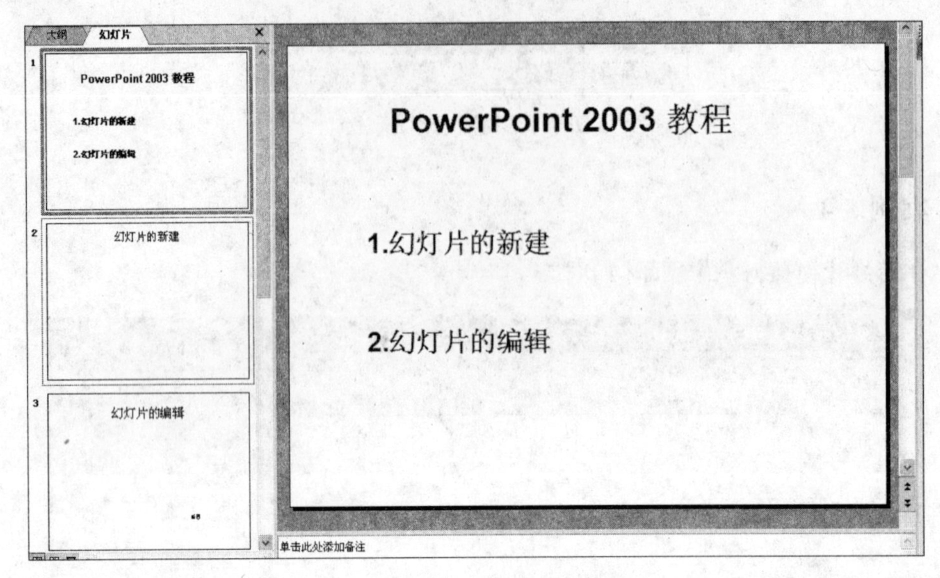

图 5-6 建立的演示文稿

幻灯片放映时是一张一张顺序地播放,也可以给幻灯片添加超链接,让幻灯片直接从第一张幻灯片跳转到第三张幻灯片。

插入超链接的步骤如下:

(1) 如图 5-6 所示,选中第一张幻灯片中的文字"2. 幻灯片的编辑",选择"插入"→"超链接"命令。

(2) 在弹出的"插入超链接"对话框中单击"本文档中的位置"按钮,在右侧选中"3. 幻灯片的编辑",如图 5-7 所示,然后单击"确定"按钮。

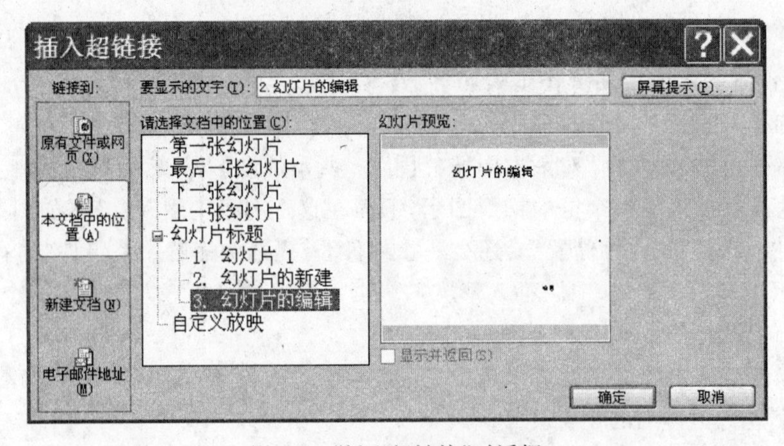

图 5-7 "插入超链接"对话框

这样就给第一张幻灯片中的“2.幻灯片的编辑”添加了一个超链接，幻灯片放映时，单击它就可以直接跳转到第三张幻灯片中。当然，还可以给第三张幻灯片创建超链接，使得它能直接跳转回第一张幻灯片。

实验 5-2　PowerPoint 2003 演示文稿的美化

实验目的

(1) 掌握设置幻灯片背景的方法。
(2) 将各种材料、素材用作幻灯片的背景。
(3) 对幻灯片应用设计模板。

操作指导

案例 5-6

将幻灯片的背景设置为纯黑色，如图 5-8 所示。

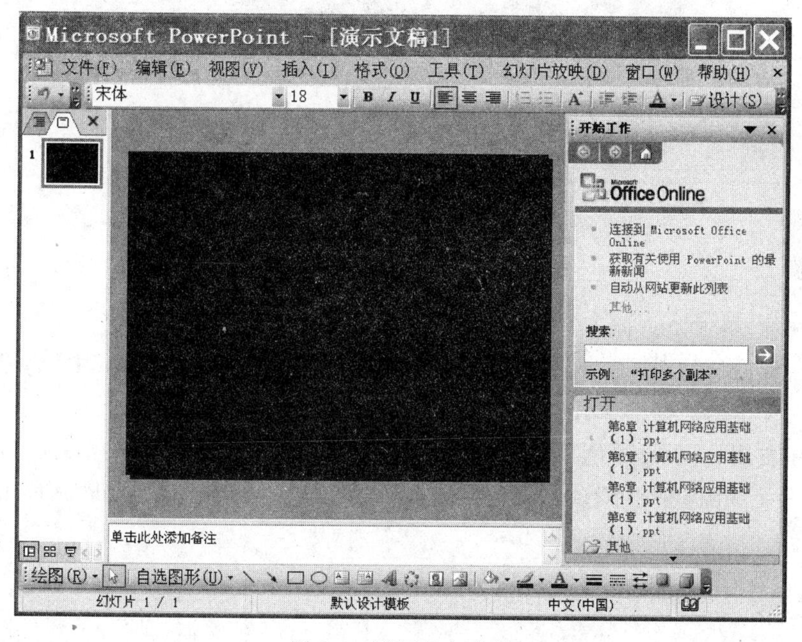

图 5-8　设置黑色背景

操作步骤如下：

(1) 选择“格式”→“背景”命令。

(2) 在弹出的“背景”对话框中的背景填充下面的下拉列表中选择“黑色”选项，然后单击“应用”按钮，那么这张幻灯片的背景就设置成了黑色。如果单击“全部应用”按钮，那么所有幻灯片的背景就都设置成了黑色。

(3) 如果想要设置成其他的颜色,可以单击下拉箭头,在菜单中选择"其他颜色",在弹出的"颜色"对话框中选择一种已有的颜色。也可以选择"自定义"选项卡,在选项卡中通过设置 RGB 值来自己定义一种颜色。

案例 5-7

将幻灯片的背景设置为系统预设渐变效果"碧海青天",如图 5-9 所示。

图 5-9 背景为"碧海青天"

操作步骤如下:

(1) 选择"格式"→"背景"命令。

(2) 在弹出的"背景"对话框中的背景填充下面的下拉列表中选择"填充效果"选项。

(3) 在弹出的对话框中选择"渐变"选项卡,选择其中的"预设"。

(4) 在右侧的"预设颜色"下拉列表中选择"碧海青天"。当然,在下面的"底纹样式"中还可以进一步调整该预设颜色的底纹效果,然后单击"确定"按钮。最后单击"应用"按钮,就完成了。

案例 5-8

将幻灯片的背景设置为白色大理石,如图 5-10 所示。

操作步骤如下:

(1) 选择"格式"→"背景"命令。

(2) 在弹出的"背景"对话框中的背景填充下面的下拉列表中选择"填充效果"命令。

(3) 在弹出的对话框中选择"纹理"选项卡。

图 5-10　白色大理石作为背景

(4) 在下方的纹理效果中选择“白色大理石”(单击任一种效果,下方有名字提示),最后单击“确定”按钮就完成了。

(5) 如果选择“图片”选项卡,再单击右下方的“选择图片”按钮,就会弹出一个“选择图片”对话框,在这个对话框中可以选择一幅图片作为幻灯片的背景,当然,也可以把自己拍摄或收藏的图片作为背景,选择好图片之后,单击“插入”按钮,最后单击“确定”按钮。

案例 5-9

如图 5-11 所示,幻灯片已经设计好,下面给它应用 CDESIGNB. POT 设计模板,把幻灯片装饰的更好看、生动。

操作步骤如下:

(1) 右击窗口左边的一张幻灯片,在弹出的快捷菜单中选择“幻灯片设计”命令。

(2) 在窗口的右侧会出现“幻灯片设计”任务窗格,在窗格右侧有系统预装的各种各样的模板,如图 5-12 所示。

(3) 每一个模板都有自己的名字,单击其中一个,可以将这个模板应用于所有的幻灯片。指向其中一个,然后单击某个模板右侧的下拉箭头,可以从弹出的菜单中选择将这个模板仅仅应用于选中的幻灯片。

(4) 题目要求使用 CDESIGNB. POT 模板,在右侧任务窗格一个一个去找很麻烦,也很慢,单击右侧下方的“浏览”按钮,在弹出的“应用设计模板”对话框中选择 Presentation Designs,如图 5-13 所示。

(5) 单击“打开”按钮,这里面有这台机器上安装的所有模板,很容易找到 CDESIGNB. POT,然后单击“应用”按钮。

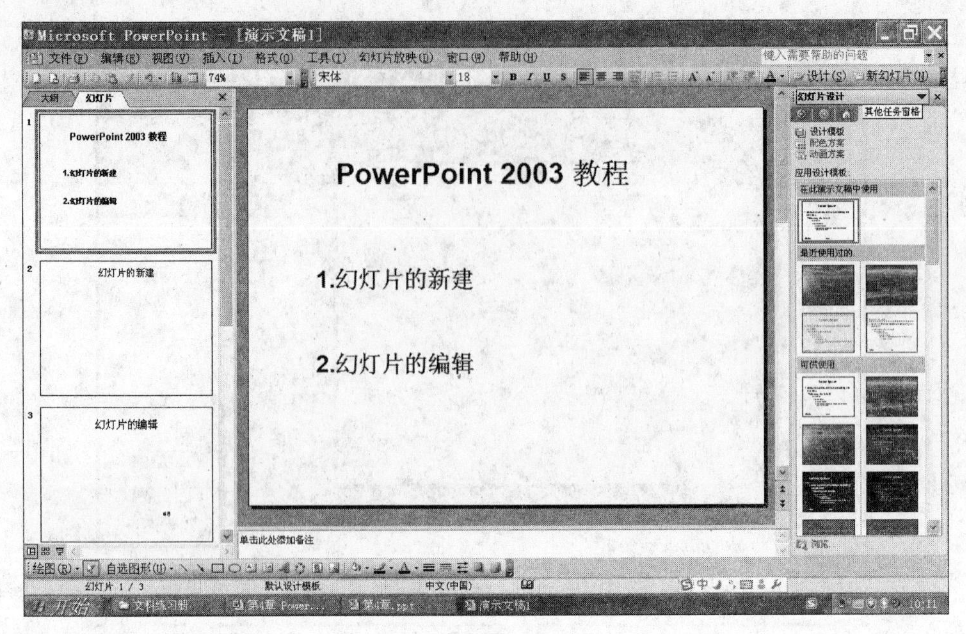

图 5-11　新建的幻灯片

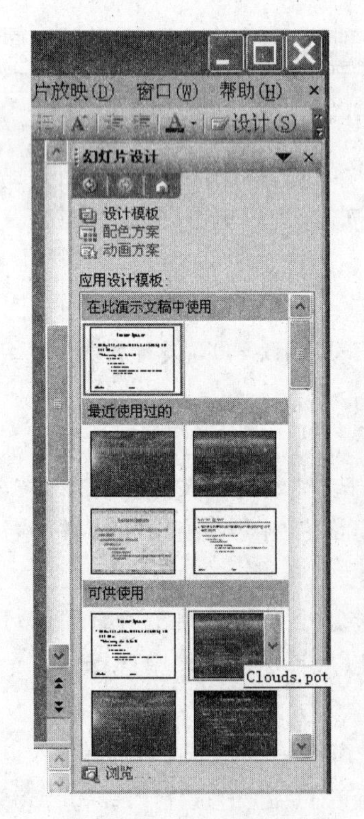

图 5-12　幻灯片设计任务窗格

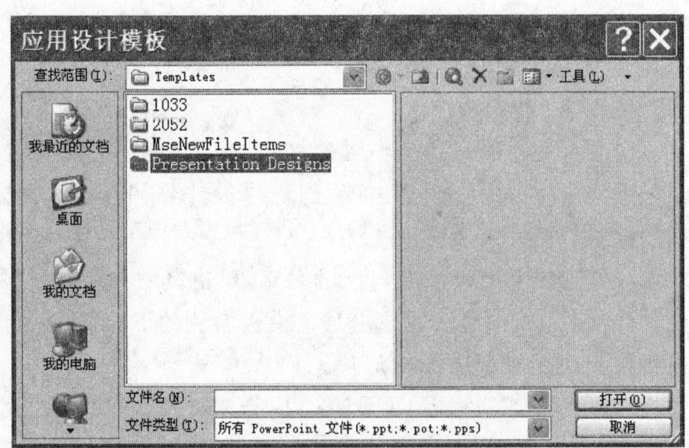

图 5-13　“应用设计模板”对话框

实验 5-3　PowerPoint 2003 演示文稿的高级操作

实验目的

(1) 掌握幻灯片的切换设置。
(2) 熟悉幻灯片动画的设置。

操作指导

案例 5-10

给幻灯片设置切换效果。

可以给幻灯片设置切换效果，使得幻灯片在放映时更有动感，更吸引人。

操作步骤如下：

(1) 在幻灯片窗口的左侧选中需要添加切换效果的幻灯片，然后单击鼠标右键，从弹出的快捷菜单中选择“幻灯片切换”命令，窗口右侧会出现“幻灯片切换”任务窗格，如图 5-14 所示。

(2) 可以从右侧的列表中给选中的幻灯片选择一种切换效果。还可以进一步设置该切换效果的“速度”，给切换效果配上“声音”，可以将该切换效果“应用于所有幻灯片”等。这样就完成了切换效果的设置。

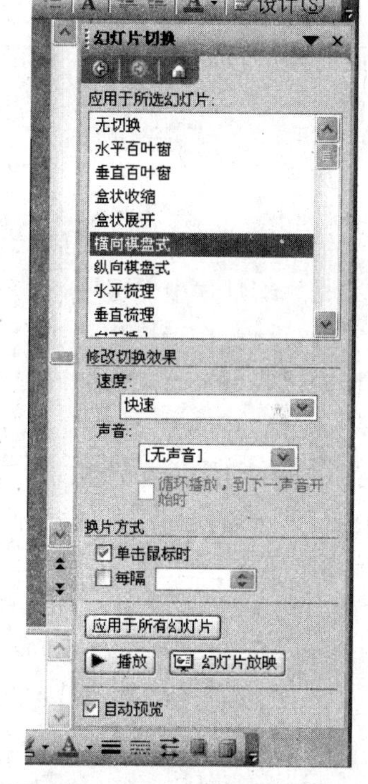

图 5-14　“幻灯片切换”任务窗格

案例 5-11

设置幻灯片在放映时自动切换。

普通的幻灯片在放映的时候，需要人工操作来一张一张地放映。但有时候在特殊场合或者由于条件的限制，无法实现人工操作来切换幻灯片，这时可以通过设置，使得幻灯片实现自动切换。

操作步骤如下：

(1) 打开一个演示文稿，选择“幻灯片放映”→“排练计时”命令，这时幻灯片开始放映了，根据实际需要的速度将幻灯片放映一遍，系统会自动记录每张幻灯片放映的时间，最后系统会提示是否保存排练计时，单击“是”按钮。

(2) 出现图 5-15 所示的排练计时汇总窗口，显示了在放映过程中每张幻灯片使用了多长时间。

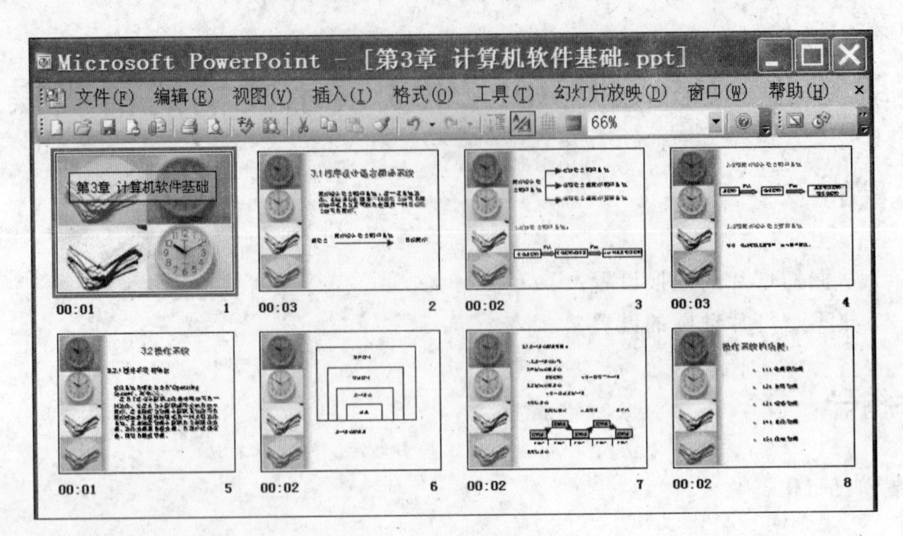

图 5-15　排练计时汇总窗口

(3) 选择“幻灯片放映”→“设置放映方式”命令，在弹出的“设置放映方式”对话框中换片方式一栏选择“如果存在排练时间，则使用它”，然后单击“确定”按钮。这样幻灯片在放映时就会自动进行切换了，而且每张幻灯片切换的时间完全是按照排练时的进度进行的。

案例 5-12

给幻灯片设置动画，可以给幻灯片设置“动画方案”或“自定义动画”。幻灯片的动画方案是为幻灯片中的标题、正文和切换方式统一添加动作，可以帮助我们吸引观众的注意力、突出重点、在幻灯片间切换以及通过将内容移入和移走来最大化幻灯片空间。自定义动画是由我们自己来详细设置幻灯片中每个对象的动画。

给幻灯片设置“动画方案”的操作步骤如下：

(1) 在幻灯片左侧选中一张幻灯片，选择“幻灯片放映”→“动画方案”命令，在窗口右侧会列出可以使用的各种各样的动画方案。

(2) 可以从中选择一个动画方案，这个动画方案就会应用于刚才选中的幻灯片。如果单击“应用于所有幻灯片”按钮，那么这个动画方案将应用于所有幻灯片。

给幻灯片设置“自定义动画”的操作步骤如下：

(1) 选中一张幻灯片，然后选中这张幻灯片中想要添加自定义动画的对象，例如选中一行文字，如图 5-16 所示。

(2) 选择“幻灯片放映”→“自定义动画”命令，在窗口右侧会出现“自定义动画”任务窗格，选择其中的“添加效果”→“进入”→“飞入”，如图 5-17 所示。

(3) 这样就给选中的文字“第六章 计算机网络”添加了“飞入”的动画效果。

(4) 还可以通过任务窗格下方的“修改”一栏对这个动画进行详细的设置，例如修改这个动画开始的时间、动画的方向、动画的速度等。

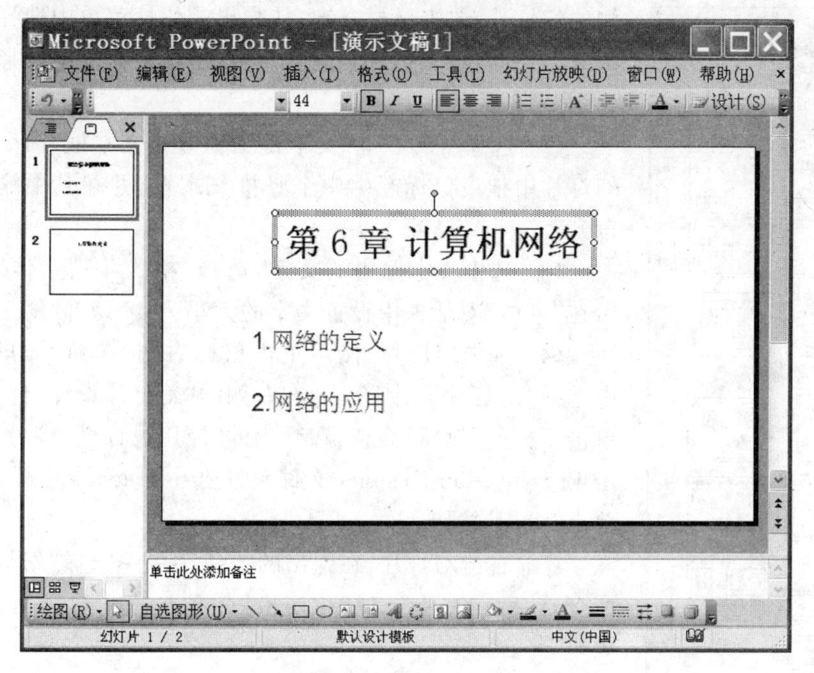

图 5-16 示例幻灯片

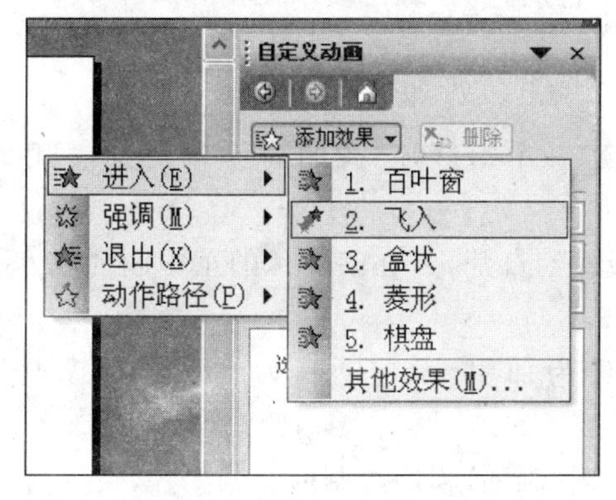

图 5-17 “自定义动画”任务窗格

案例 5-13

幻灯片的综合操作。例如新建一个幻灯片，命名为“练习演示文稿.ppt”，在其中：

(1) 插入一个空白版式幻灯片，并在幻灯片右侧插入垂直文本框，输入文字(文字竖排)“旭日东升”。

(2) 将输入的文字设为 48 磅、倾斜，设置动画为水平百叶窗。

(3) 将幻灯片的模板设置为“Blends 型模板”。

(4) 将所有幻灯片的切换方式设置为盒状收缩。

操作步骤如下：

(1) 启动 PowerPoint 2003，软件启动后会自动创建一个默认板式的幻灯片，选中左

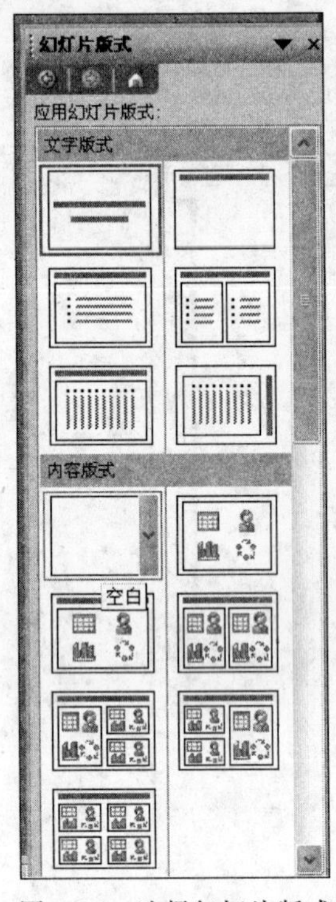

图 5-18　选择幻灯片版式

侧的幻灯片,单击鼠标右键,从弹出的快捷菜单中选择"幻灯片版式"命令,再在右侧的"幻灯片版式"任务窗格中选择"空白",如图 5-18 所示。

(2) 选择"插入"→"文本框"→"竖排文本框"命令,然后在幻灯片中拖曳鼠标产生一个竖排文本框,并在其中输入"旭日东升"。

(3) 选中文本框中的文字,选择"格式"→"字体"命令,然后在"字体"对话框中设置文字的大小为 48 磅、倾斜。

(4) 选中幻灯片,然后单击鼠标右键,在弹出的快捷菜单中选择"幻灯片设计"命令,在右侧的"幻灯片设计"任务窗格中单击下方的"浏览"按钮,在弹出的"应用设计模板"对话框中双击 Presentation Designs 文件夹。选中"Blends 型模板",最后单击"应用"按钮。

(5) 右击幻灯片,在弹出的快捷菜单中选择"幻灯片切换"命令,然后在右侧"幻灯片切换"任务窗格中选择"盒状收缩"效果。

(6) 最后选择"文件"→"保存"命令,将演示文稿保存,文件名称为"练习演示文稿.ppt"。

验证性实验

利用 PowerPoint 新建一个幻灯片"我的简历"(至少含有 5 张幻灯片),完成下列操作:

(1) 插入一张空白版式幻灯片,并在幻灯片的正中间插入水平文本框,输入文字(文字横排)"我的简历"。

(2) 将输入的文字设为加粗,设置动画为水平百叶窗,将幻灯片的模板设置为"Capsules"型模板。

(3) 在幻灯片中插入用"画图"程序绘制的一张图片,文件名保存为"我的照片.jpg"。

(4) 将幻灯片的切换方式设置为随机垂直线条。

(5) 将"我的简历"补充完整。

第 6 章 数据库管理软件 Access

实验 6-1 数据库和表的基本操作

实验目的

(1) 掌握建立数据库的方法。

(2) 掌握建立、编辑、操作和维护表的方法。重点掌握 Access 的数据类型、字段属性的设置、OLE 类型字段值的输入、表之间关系的建立、表的导入导出等操作。

(3) 了解调整表外观的方法。

操作指导

案例 6-1

(1) 建立数据库。在 D 盘建立"Access 上机练习"文件夹，然后打开 Access 2003，建立数据库并以 student.mdb 文件名保存到"D:\Access 上机练习"文件夹下。

(2) 建立表。在 student.mdb 数据库文件中新建"学生信息"、"课程"和"选课程"三个表，表的结构和记录如表 6-1～表 6-6 所示。

表 6-1 "学生信息"表结构

字段名称	数据类型	字段大小	格式	字段名称	数据类型	字段大小	格式
编号	文本	8		专业	文本	50	
姓名	文本	4		院系	院系	50	
性别	文本	1		简历	备注		
出生年月	日期/时间		短日期				

表 6-2 "学生信息"表中的记录

编号	姓名	性别	出生年月	专业	院系
01110001	王心渊	男	1992-03-03	软件工程	计算机科学系
01110002	杨静	女	1992-05-06	软件工程	计算机科学系
01110003	王凯	男	1991-07-21	软件工程	计算机科学系
02110001	陈晶晶	女	1991-11-11	英语	外国语言文学系

续表

编　号	姓名	性别	出生年月	专　业	院　系
02110002	高杨	男	1992-10-16	英语	外国语言文学系
03110001	陈洁	女	1990-12-18	汉语言文学	文学院
03110002	杨凯	男	1992-06-15	汉语言文学	文学院

表 6-3　“课程”表结构

字段名称	数据类型	字段大小	字段名称	数据类型	字段大小
课程号	文本	5	类型	文本	10
课程名	文本	50	学分	数字	整型

表 6-4　“课程”表记录

课程号	课程名	类型	学分	课程号	课程名	类型	学分
01001	英语	考试	6	02002	数据结构	考试	4
02001	计算机基础	考试	4	04001	法律基础	考查	2
03001	马克思主义哲学	考查	2				

表 6-5　“选课成绩”表结构

字段名称	数据类型	字段大小	字段名称	数据类型	字段大小
学号	文本	8	平时成绩	数字	整型
课程号	文本	5	备注	文本	50
试卷成绩	数字	整型			

表 6-6　“选课成绩”表记录

学　号	课程号	试卷成绩	平时成绩	备注	学　号	课程号	试卷成绩	平时成绩	备注
01110001	01001	67	95		01110003	02001	73	85	
01110001	02001	86	95		01110003	03001	75	85	
01110001	03001	75	85		02110001	01001	79	90	
01110002	01001	58	80		02110002	01001	0	0	休学
01110002	02001	85	95		03110001	01001	87	90	
01110002	03001	90	98		03110002	01001	0	0	休学
01110003	01001	56	80						

1. 新建数据库

建立数据库的操作步骤如下：

(1) 启动 Access 2003,选择“文件”→“新建”命令。

(2) 单击 Access 窗口右侧“新建文件”窗格中的“空数据库”。

(3) 系统打开“文件新建数据库”对话框,在“保存位置”下拉列表中选择“D:”盘,单击该对话框工具栏的“新建文件夹”按钮,在弹出的“新文件夹”对话框的“名称”文本框中输入“Access 上机练习”,单击“确定”按钮,这时打开了新建的“Access 上机练习”文件夹,在“文件名”文本框中输入“student”，单击“保存”按钮。

2. 新建表

建立表的操作步骤如下：

(1) 打开 student.mdb 数据库。

(2) 单击“对象”列表中的“表”对象按钮，接着双击“使用设计器创建表”。

(3) 在“表 1”的设计视图窗口的“字段名称”、“数据类型”和属性面板中输入表结构，表结构如表 6-1 所示，输入完成后，按 Ctrl+S 组合键保存表结构，在弹出的“另存为”对话框的“表名称”文本框中输入“学生信息”，单击“确定”按钮，这时弹出 Access 提示“尚未定义主键”对话框，单击“否”按钮，关闭设计视图窗口。

(4) 双击新建的“学生信息”表，在打开的“数据表”视图中逐一输入新记录，表记录如表 6-2 所示，输入完所有记录后，按 Ctrl+S 组合键保存，关闭“学生信息”表视图窗口。

(5) 重复步骤(3)和步骤(4)，按照表 6-3 和表 6-4 创建“课程”表，按照表 6-5 和表 6-6 创建“选课成绩”表。

案例 6-2

(1) 修改字段名称、字段长度和格式。将“学生信息”表中“编号”字段改名为“学号”，把“姓名”字段长度设置为“8”，把“出生日期”字段的格式调整为“长日期”。

(2) 设置有效性规则。设置“学生信息”表的“性别”字段的默认值为“男”，设置“有效性规则”为“男或女”，设置“有效性文本”为“请输入男或女”。

(3) 设置输入掩码。将“学生信息”表的“学号”字段的“输入掩码”设置为只能输入 8 位数字形式。

(4) 增加字段。在“学生信息”表中“简历”字段前增加一个新字段，字段名为“照片”，数据类型为“OLE 对象”。

(5) 添加说明和设置标题。设置“学生信息”表“照片”字段的“说明”为“1 寸照”，“标题”为“证件照”。

(6) 删除字段。删除“学生信息”表中的“简历”字段。

(7) 输入“OLE 对象”类型数据。设置学号为 01110001 的学生的“照片”字段，“值”为“Access 上机练习”下的图像文件 01110001.jpg 图像文件，可通过 Windows 中的“画图”软件自建一幅图片。

(8) 删除记录。删除“课程”表中课程号为 04001 的记录。

1. 设置字段

设置字段名和字段长度的操作步骤如下：

(1) 单击“学生信息”表，单击数据库窗口工具栏中的“设计”按钮 设计(D)，打开“学生信息表”的设计视图窗口。

(2) 单击“字段名称”列中的“编号”字段，将其修改为“学号”。

(3) 单击“姓名”，将“属性”面板的“字段长度”中的“4”改为“8”。

(4) 单击“出生日期”，在“属性”面板的“格式”下拉列表中选择“长日期”。

（5）按 Ctrl+S 组合键保存。

2. 设置字段有效性规则

设置字段的有效性规则的操作步骤如下：

（1）打开“学生信息”表的设计视图窗口。

（2）单击“字段名称”列中的“性别”，在“属性”面板的“有效性规则”中输入“"男" or "女"”，在“有效性文本”中输入“请输入男或女”。

（3）按 Ctrl+S 组合键保存。

3. 设置输入掩码

设置字段的输入掩码的操作步骤如下：

（1）打开“学生信息”表的设计视图窗口。

（2）单击“字段名称”列中的“学号”，在“属性”面板的“输入掩码”文本框中输入 00000000(8 个零)。

（3）按 Ctrl+S 组合键保存。

4. 增加字段

增加字段的操作步骤如下：

（1）打开“学生信息”表的设计视图窗口。

（2）在“字段名称”列中“简历”的字段选择器上右击，在弹出的快捷菜单中选择“插入行”命令，在新插入行中的“字段名称”列输入“照片”，并且设置其“数据类型”为“OLE 对象”。

（3）按 Ctrl+S 组合键保存。

5. 添加说明及标题

添加说明和设置标题的操作步骤如下：

（1）打开“学生信息”表的设计视图窗口。

（2）单击“字段名称”列中的“学号”，在相应的“说明”列中输入“1 寸照”，在“属性”面板的“标题”文本框中输入“证件照”。

（3）按 Ctrl+S 组合键保存。

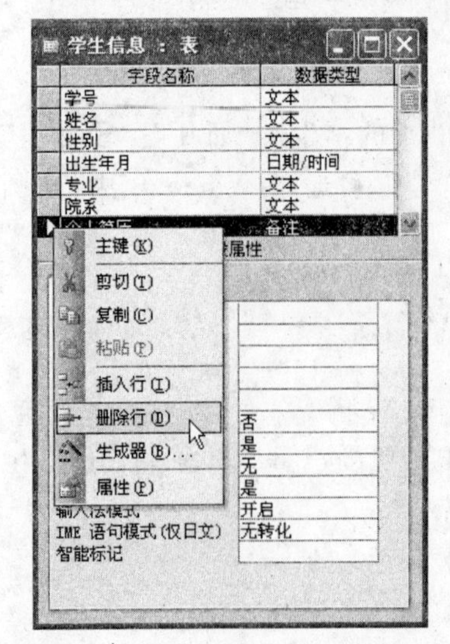

图 6-1　右击字段选择器的快捷菜单

6. 删除字段

删除字段的操作步骤如下：

（1）打开“学生信息”表的设计视图窗口。

（2）右击“字段名称”列中“简历”的字段选定器，在弹出的快捷菜单中选择“删除行”命令，如图 6-1 所示，系统会弹出是否删除对话框，单击“是”按钮以确认字段删除。

（3）按 Ctrl+S 组合键保存，关闭“学生信息”表的设计视图窗口。

7. 插入“对象”

输入“OLE 对象”类型数据的操作步骤如下：

(1) 双击“学生信息”表，打开“学生信息”表的数据表视图窗口。

(2) 右击“学号”字段为 01110001 记录行的“证件照”字段，在弹出的快捷菜单中选择“插入对象”命令，如图 6-2 所示，弹出“插入对象”对话框。

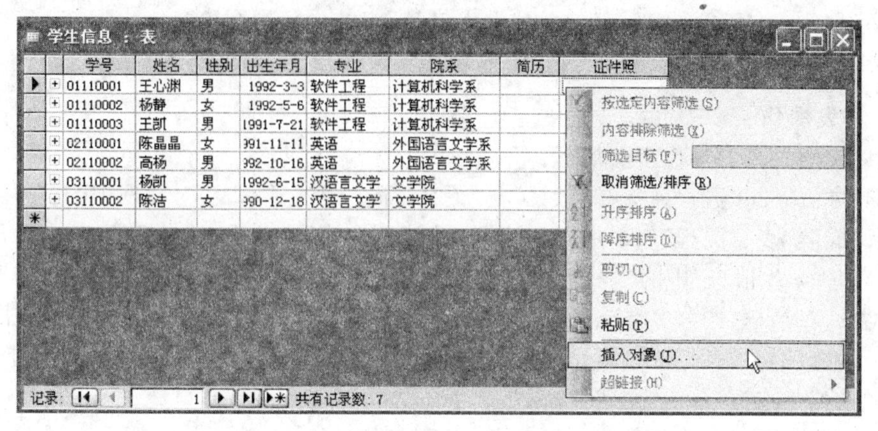

图 6-2　右击“OLE 对象”类型字段的快捷菜单

(3) 选择“由文件创建”单选按钮，单击“浏览”按钮，在弹出的“浏览”对话框中选择“D:\Access 上机练习\01110001.jpg”图片文件，单击“确定”按钮。

(4) 按 Ctrl+S 组合键保存，双击第一条记录的“证件照”字段值即可看到插入的对象。关闭“学生信息”表的数据表视图窗口。

8. 删除记录

删除记录的操作步骤如下：

(1) 打开“课程”表的数据表视图窗口。

(2) 右击“课程号”字段值为“04001”的记录选择器，在弹出的快捷菜单中选择“删除记录”命令，如图 6-3 所示，系统会弹出是否删除对话框，单击“是”按钮。

(3) 按 Ctrl+S 组合键保存，关闭“课程”表设计视图窗口。分别双击“学生信息”、“课程”表，查看本案例中所有设置的结果。

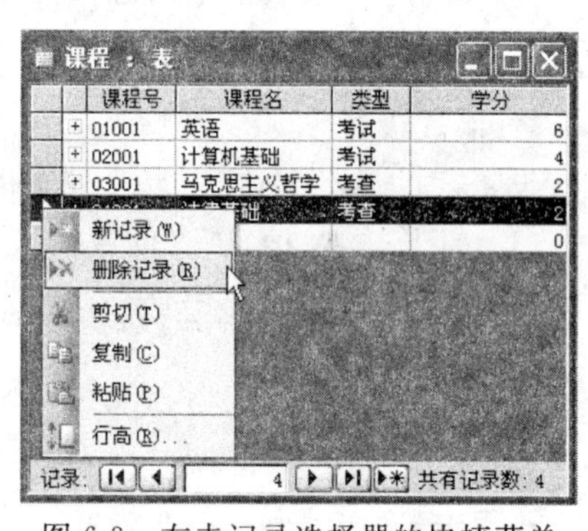

图 6-3　右击记录选择器的快捷菜单

案例 6-3

(1) 设置主键。修改“学生信息”表，将“学号”设置为主键；修改“课程”表，将“课程号”设置为主键。

(2) 建立表间关系。建立“学生信息”表与“选课成绩”表之间的关系，两个表通过“学号”字段建立一对多联系，并实施参照完整性。建立“选课成绩”表和“课程”表之间的关系，两个表通过“课程号”字段建立一对多联系，并实施参照完整性。

1. 设置“主键”

设置主键的操作步骤如下：

(1) 打开“学生信息”表的设计视图窗口。

(2) 右击“字段名称”列中的“学号”，在弹出的快捷菜单中选择“主键”命令，这时该字段的字段选择器中出现了🔑图标，表示此字段已被设置为主键。

(3) 按 Ctrl＋S 组合键保存，关闭“学生信息”表的设计视图窗口。

(4) 重复步骤(2)和步骤(3)，把“课程表”的“课程号”字段设置为主键。

2. 多表操作

建立表间关系的操作步骤如下：

(1) 在 student 数据库选择“工具”→“关系”命令，将“显示表”对话框中的“学生信息”表、“选课成绩”表、“课程”表添加到“关系”对话框中，关闭“显示表”对话框。

(2) 将“学生信息”中的“学号”字段拖动到“选课成绩”中的“学号”字段中，这时弹出“编辑关系”对话框，选择“实施参照完整性”复选框，单击“创建”按钮；将“课程”表中的“课程号”字段拖动到“选课成绩”表中的“课程号”字段上，弹出“编辑关系”对话框，选择“实施参照完整性”复选框，单击“创建”按钮。

(3) 按 Ctrl＋S 组合键保存，关闭“关系”窗口。

案例 6-4

(1) 设置字体、行高和列宽。设置“学生信息”表显示的字体大小为 16、行高为 20。设置表对象“学生信息”中的“院系”字段显示宽度为 20。

(2) 冻结列。将“学生信息”表的“学号”和“姓名”字段冻结。

(3) 隐藏列。隐藏“学生信息”表中的“照片”字段列。

1. 格式设置

设置表的显示字体、行高和列宽的操作步骤如下：

(1) 打开“学生信息”表的数据表视图窗口。

(2) 选择“格式”→“字体”命令，在弹出的“字体”对话框中选择“字号”为“16”或“三号”，单击“确定”按钮。

(3) 选择“格式”→“行高”命令，在弹出的“行高”对话框中输入“20”，单击“确定”按钮。

(4) 右击“院系”字段列，在弹出的快捷菜单中选择“列宽”命令，在弹出的“列宽”对话框中输入“20”，单击“确定”按钮。

(5) 按 Ctrl＋S 组合键保存。

2. 冻结字段

冻结字段的操作步骤如下：

(1) 打开“学生信息”表的数据表视图窗口。

(2) 用鼠标在“学号”和“姓名”两列的字段选择器上拖动，选中这两个字段，选择“格式”→“冻结列”命令。

(3) 按 Ctrl＋S 组合键保存。拖动垂直滚动条查看设置效果。

3. 隐藏数据

隐藏列的操作步骤如下：

(1) 打开“学生信息”表的数据表视图窗口。

(2) 右击“证件照”列，在弹出的快捷菜单中选择“隐藏列”命令。

(3) 按 Ctrl+S 组合键保存，关闭“学生信息”表的数据表视图窗口。

案例 6-5

(1) 导出表结构到另一个 Access 数据库中。将“学生信息”表导出至“Access 上机练习”文件夹下的 Exam. mdb 空数据库文件中，要求只导出表结构定义，导出的表命名为“学生表结构”。

(2) 导出 Access 数据库为 Excel 工作簿格式。将“学生信息”表导出至“Access 上机练习”文件夹下，文件名为“学生信息备份”，保存类型为“Microsoft Excel 97-2003 (*. xls)”。

(3) 将 Excel 工作簿中的工作表导入到 Access 数据库中。将“Access 上机练习”文件夹下的“学生信息. xls”文件导入到 Student. mdb 数据库中，要求数据中的第一行作为字段名，表中无主键，将导入的表命名为“学生信息备份”。最后删除“学生信息备份”表。

1. 导出表结构

导出表结构到另一个 Access 数据库中的操作步骤如下：

(1) 在“D:\Access 上机练习”文件夹下新建一个空的 Access 数据库，文件名为 Exam. mdb，关闭该数据库。

(2) 打开 student 数据库，单击“学生信息”表，选择“文件”→“导出”命令，弹出“将表‘学生信息’导出为”对话框，选择 Exam. mdb 数据库，单击“导出”按钮，弹出“导出”对话框。

(3) 选择“只导出定义”单选按钮，如图 6-4 所示，单击“确定”按钮。

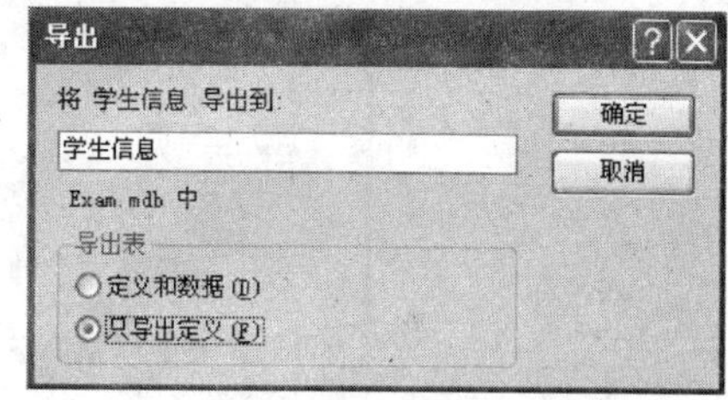

图 6-4 “导出”对话框

2. 导出数据库

导出 Access 数据库为 Excel 工作簿格式的操作步骤如下：

(1) 单击“学生信息”表，选择“文件”→“导出”命令，弹出“将表‘学生信息’导出为”对话框。

(2) 在“保存类型”下拉列表中选择“Microsoft Excel 97-2003(*. xls)”，在“文件名”文本框中输入“学生信息”，单击“导出”按钮。

3. 导入数据库

将 Excel 工作簿中的工作表导入到 Access 数据库中的操作步骤如下：

(1) 单击 student 数据库窗口工具栏中的 新建(N) 按钮，在弹出的对话框中选择“导入表”，单击“确定”按钮，将会显示“导入”对话框。

(2) 在“保存类型”下拉列表中选择“Microsoft Excel 97-2003(*. xls)”，选择“学生信息备份. xls”文件，单击“导入”按钮，将会弹出“导入数据表向导”对话框，选择“第一行包含列标题”复选框，如图 6-5 所示。

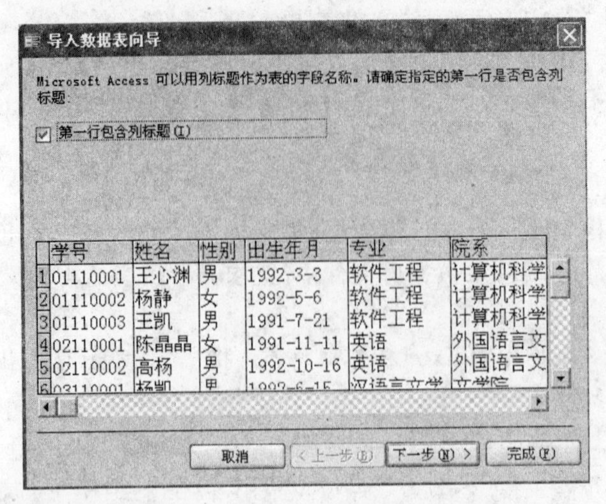

图 6-5 “导入数据表向导”第 1 个对话框

(3) 单击“下一步”按钮,弹出“导入数据表向导”第 2 个对话框,选择“新表中”单选按钮,如图 6-6 所示。

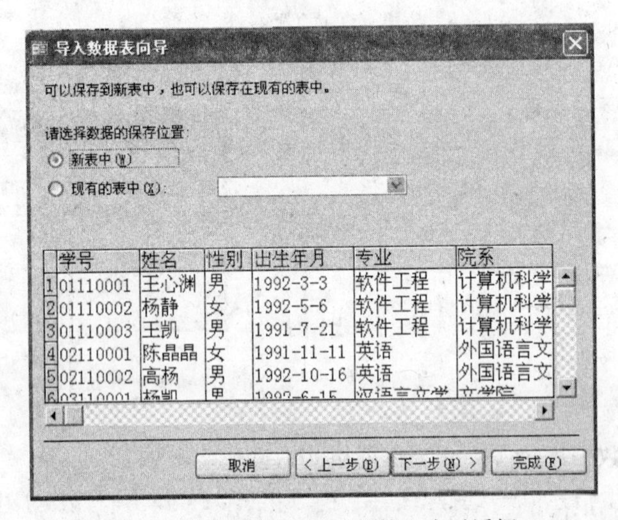

图 6-6 “导入数据表向导”第 2 个对话框

(4) 单击“下一步”按钮,弹出“导入数据表向导”第 3 个对话框,如图 6-7 所示。

(5) 单击“下一步”按钮,弹出“导入数据表向导”第 4 个对话框,选择“不要主键”单选按钮,如图 6-8 所示。

(6) 单击“下一步”按钮,弹出“导入数据表向导”的最后一个对话框,在“导入到表”文本框中将“学生信息”改为“学生信息备份”,如图 6-9 所示。

(7) 单击“完成”按钮,在弹出的“导入数据向导”对话框中单击“确定”按钮,结束表的创建,这时 student 数据库中增加了一个“学生信息备份”表。

(8) 右击“学生信息备份”表,在弹出的快捷菜单中选择“删除”命令,这时会弹出是否删除对话框,单击“是”按钮。

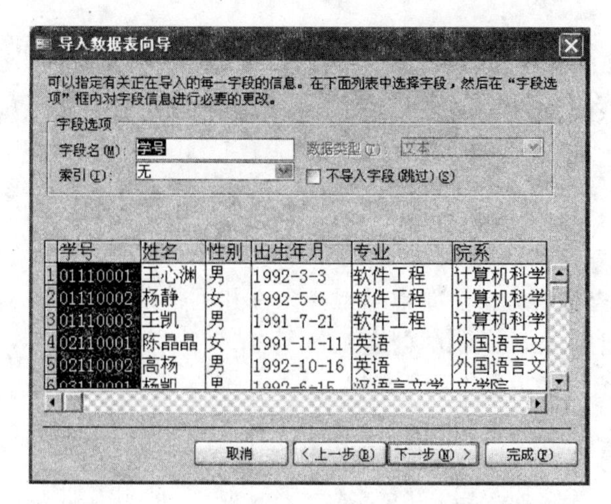

图 6-7 "导入数据表向导"第 3 个对话框

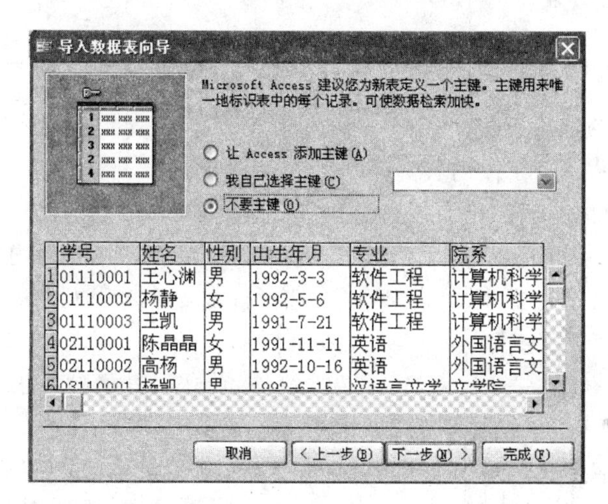

图 6-8 "导入数据表向导"第 4 个对话框

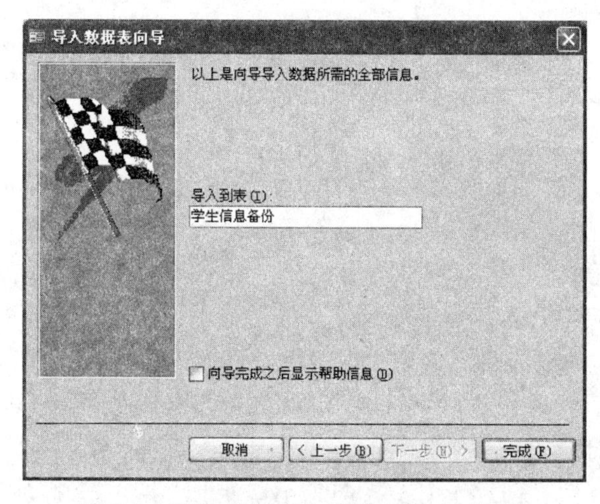

图 6-9 "导入数据表向导"最后一个对话框

实验 6-2 查询、窗体和报表的基本操作

实验目的

(1) 掌握建立查询的方法。重点掌握带条件和不带条件选择查询的创建、查询中的计算、参数查询的创建、操作查询的创建。

(2) 了解建立窗体的方法。

(3) 了解建立报表的方法。

操作指导

案例 6-6

(1) 创建简单的选择查询。创建一个选择查询 qy1,查找并显示学生的"学号"、"姓名"、"性别"和"院系"4 个字段内容。

(2) 创建带条件的选择查询。创建一个选择查询 qy2,查找并显示院系为"计算机科学系"或"文学院"的学生的"学号"、"姓名"、"性别"、"专业"4 个字段内容。

(3) 创建带条件的选择查询。创建一个选择查询 qy3,查找姓"王"的学生"学号"、"姓名"、"性别"、"专业"4 个字段。

(4) 创建多表的选择查询。创建一个选择查询 qy4,查找院系为"文学院"的学生的"学号"、"姓名"、"课程名"、"试卷成绩"4 个字段。

(5) 创建带条件的多表选择查询。创建一个选择查询 qy5,查找成绩大于等于 80 且小于等于 100 的学生情况,显示"学号"、"姓名"、"课程名"、"试卷成绩"4 个字段内容,并按试卷成绩降序排列。

(6) 创建计算查询。创建一个查询 qy6,查找学生每门课的总成绩信息,并显示"学号"、"姓名"、"课程名"、"试卷成绩"、"平时成绩"和"总成绩"6 个字段,其中"总成绩"一列数据由计算得到,计算公式为:

总成绩=试卷成绩的 80%+平时成绩的 20%

(7) 创建总计查询。创建一个查询 qy7,要求统计每名学生所有课程的试卷成绩的平均成绩,并显示"学号"、"姓名"和"平均成绩"3 个字段,其中"平均成绩"一列数据由计算得到,要求选择"固定"格式,并保留两位小数显示。

(8) 创建复杂的总计查询。创建一个查询 qy8,按"课程号"分类统计最高分成绩与最低分成绩的差,并显示"课程号"、"课程名"、"最高分与最低分的差"3 个字段。其中,最高分与最低分的差由计算得到。

(9) 创建参数查询。创意一个参数查询 qy9,根据"学号"查找某学生的成绩情况,并按"试卷成绩"字段降序显示"学号"、"课程号"和"试卷成绩"3 个字段内容,当运行该查询

时，显示参数提示信息“请输入需要查询的学号”对话框。

(10) 创建更新查询。创建一个更新查询 qy10，将“选课成绩”表中平时成绩字段值减1，并清除“备注”字段的值。

(11) 创建追加查询。创建一个追加查询 qy11，将“学生信息”表中男学生的信息追加到“男学生”表对应的“学号”、“姓名”和“性别”字段中。

(12) 创建删除查询。创建一个删除查询 qy12，要求删除“选课成绩”表中学号字段以“03”开头的学生记录。

1. 简单查询

创建简单的选择查询的操作步骤如下：

(1) 在 student 数据库中单击“查询”对象，单击工具栏上的“新建(N)”按钮，弹出“新建查询”对话框，选择“简单查询向导”，单击“确定”按钮，弹出“简单查询向导”的第 1 个对话框。

(2) 在“表/查询”下拉列表中选择“表：学生信息”，将“可用字段”列表框中的“学号”、“姓名”、“性别”、“院系”字段添加到“选定的字段”列表框中，单击“下一步”按钮，弹出“简单查询向导”的最后一个对话框。

(3) 在“请为查询指定标题”文本框中输入 qy1，单击“完成”按钮。选择“查询”→“运行”命令查看结果。关闭查询设计视图窗口。

2. 带条件查询

创建带条件查询的操作步骤如下：

(1) 在 student 数据库中单击“查询”对象，双击“在设计视图中创建查询”图标，在“显示表”对话框中添加“学生信息”表，关闭“显示表”对话框。

(2) 分别双击“学生信息”中的“学号”、“姓名”、“性别”、“专业”、“院系”字段，在“院系”对应的“条件”行输入“计算机科学系”，在下一行“或”中输入“文学院”，并取消对“显示栏”复选框的勾选，如图 6-10 所示。

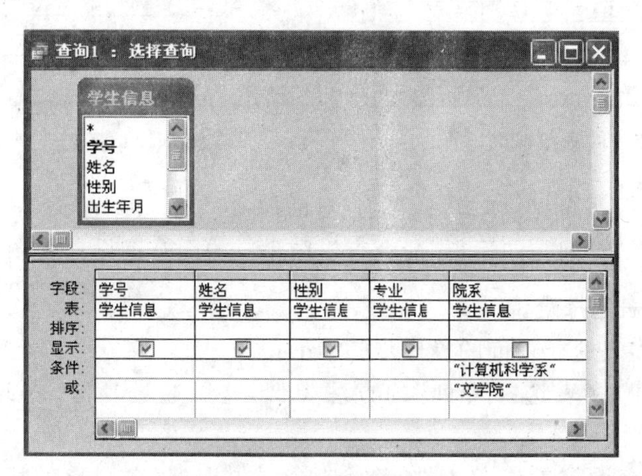

图 6-10　选择查询设置

在“条件”行也可以输入“计算机科学系 or 文学院”，在“或”中不输入任何内容。

(3) 按 Ctrl+S 组合键，弹出“另存为”对话框，在“查询名称”文本框中输入 qy2，单击

"确定"按钮。选择"查询"→"运行"命令查看结果。关闭查询设计视图窗口。

3. 带条件选择查询

创建带条件选择查询的操作步骤如下：

(1) 在 student 数据库中单击"查询"对象，双击 在设计视图中创建查询 图标，在"显示表"对话框中添加"学生信息"表，关闭"显示表"对话框。

(2) 分别双击"学生信息"中的"学号"、"姓名"、"性别"、"专业"字段，在"姓名"对应的"条件"行输入"Like "王＊""，如图 6-11 所示。

在"条件"行也可以输入"Right([姓名],1)＝"王""。

(3) 按 Ctrl＋S 组合键，弹出"另存为"对话框，在"查询名称"文本框中输入 qy3，单击"确定"按钮。选择"查询"→"运行"命令查看结果。关闭查询设计视图。

4. 多表选择查询

创建多表选择查询的操作步骤如下：

(1) 在 student 数据库中单击"查询"对象，双击 在设计视图中创建查询 图标，在"显示表"对话框中添加"学生信息"、"选课成绩"、"课程"表，关闭"显示表"对话框。

(2) 分别双击"学生信息"表中的"学号"和"姓名"字段，"课程"表中的"课程名"字段，"选课成绩"表中的"试卷成绩"字段，如图 6-12 所示。

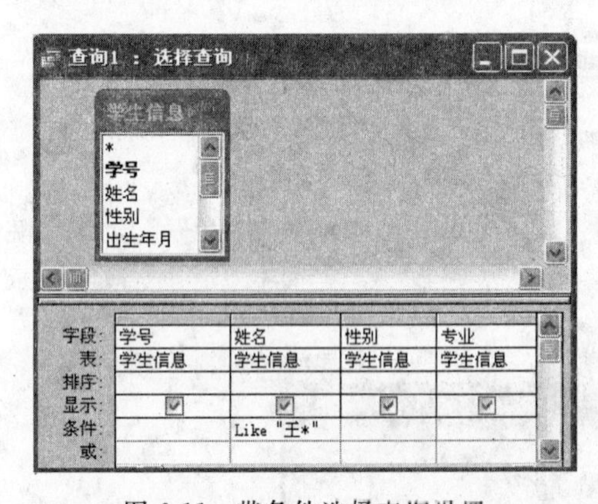

图 6-11　带条件选择查询设置

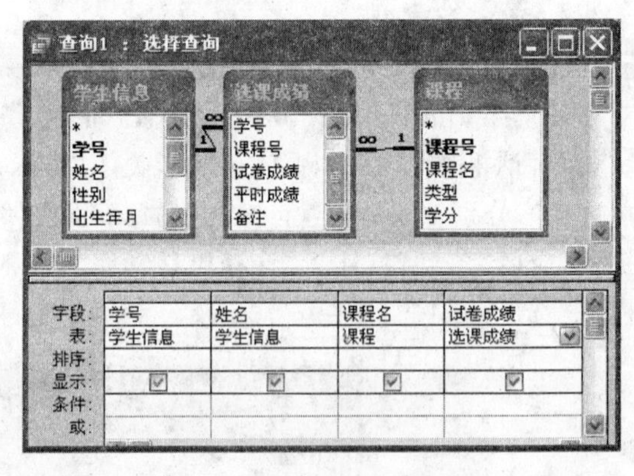

图 6-12　多表选择查询设置

(3) 按 Ctrl＋S 组合键，弹出"另存为"对话框，在"查询名称"文本框中输入 qy4，单击"确定"按钮。选择"查询"→"运行"命令查看结果。关闭查询设计视图窗口。

5. 带条件多表选择查询

创建带条件多表选择查询的操作步骤如下：

本查询和创建"多表选择查询"的方法类似，这里通过复制、修改 qy4 查询的方法创建。

(1) 在 student 数据库中单击"查询"对象，右击 qy4，在弹出的快捷菜单中选择"复制"命令，在空白区域右击，在弹出的快捷菜单中选择"粘贴"命令，在弹出的"粘贴为"对话框中输入 qy5，单击"确定"按钮。

(2) 选中 qy5 查询，单击 设计(D) 按钮，在下面的"试卷成绩"列中的"条件"行中输入

“>=80 and <=100”，如图 6-13 所示。

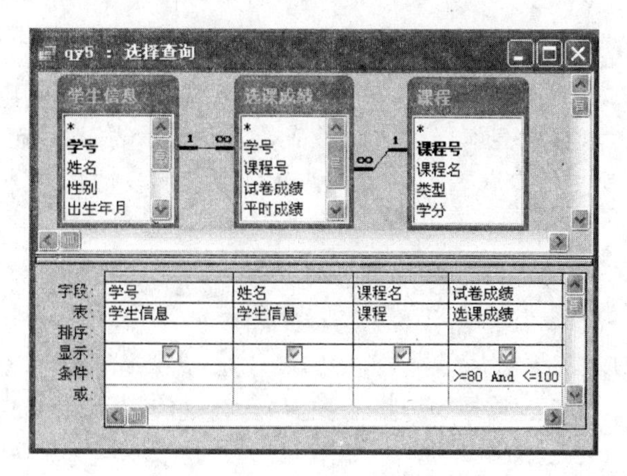

图 6-13　带条件多表选择查询设置

在“条件”行也可以输入“between 80 and 100”表达式。

(3) 按 Ctrl+S 组合键保存，弹出“另存为”对话框，在“查询名称”文本框中输入 qy5，单击“确定”按钮。选择“查询”→“运行”命令查看结果。关闭查询设计视图窗口。

6. 计算查询

创建计算查询的操作步骤如下：

(1) 在 student 数据库中单击“查询”对象，双击 **在设计视图中创建查询** 图标，在“显示表”对话框中添加“学生信息”、“选课成绩”、“课程”表，关闭“显示表”对话框。

(2) 分别双击“学生信息”表中的“学号”和“姓名”字段，“课程”表中的“课程名”字段，“选课成绩”表中的“试卷成绩”、“平时成绩”字段，在第 6 列的字段行中输入“总成绩:[试卷成绩]*0.8+[平时成绩]*0.2”，如图 6-14 所示。

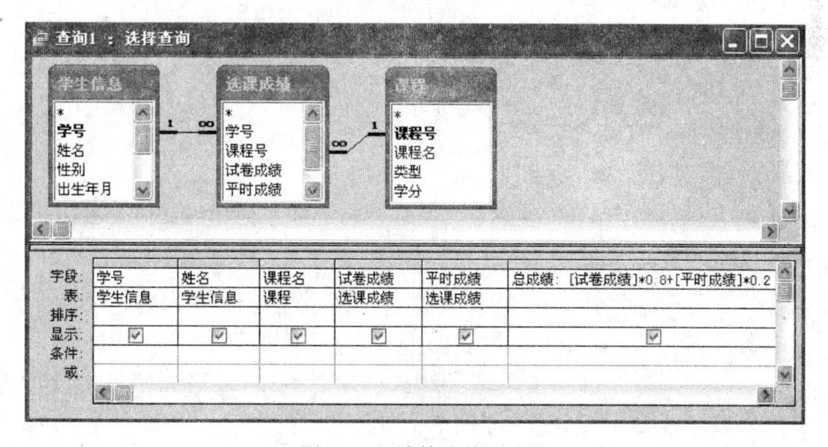

图 6-14　计算查询设置

(3) 按 Ctrl+S 组合键，弹出“另存为”对话框，在“查询名称”文本框中输入 qy6，单击“确定”按钮。选择“查询”→“运行”命令查看结果。关闭查询设计视图窗口。

7. 总计查询

创建总计查询的操作步骤如下：

(1) 在 student 数据库中单击“查询”对象，双击 在设计视图中创建查询 图标，在“显示表”对话框中添加“学生信息”、“选课成绩”表，关闭“显示表”对话框。

(2) 分别双击“学生信息”表中的“学号”和“姓名”字段，“选课成绩”表中的“试卷成绩”字段。

(3) 选择“视图”→“总计”命令，出现“总计”行，选择“试卷成绩”列对应的“总计”下拉列表中的“平均值”，在“试卷成绩”前输入“平均成绩:”，如图 6-15 所示。

(4) 右击“平均成绩:试卷成绩”列对应的总计行，在弹出的快捷菜单中选择“属性”命令，弹出“字段属性”对话框，选择“常规”选项卡，选择“格式”下拉列表中的“固定”选项，并选择“小数位数”下拉列表中的“2”选项，如图 6-16 所示，关闭“字段属性”对话框。

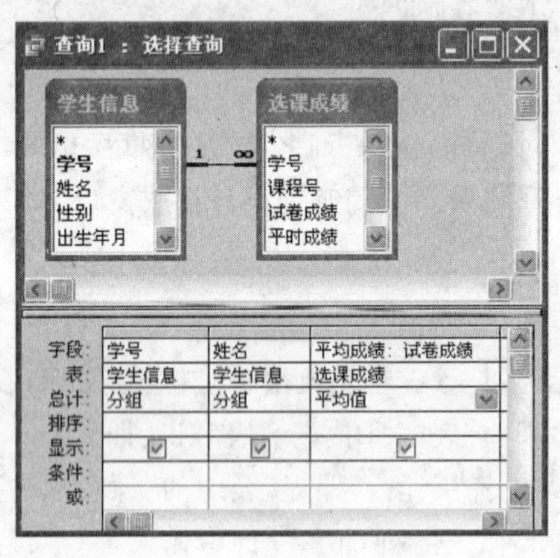

图 6-15 分组总计查询设置

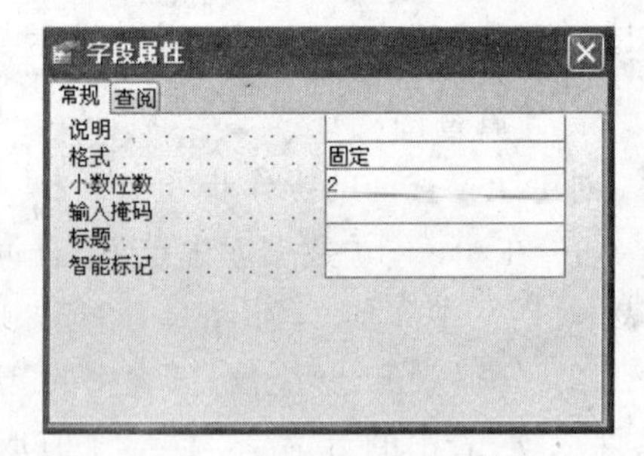

图 6-16 “字段属性”对话框

(5) 按 Ctrl+S 组合键，弹出“另存为”对话框，在“查询名称”文本框中输入 qy7，单击“确定”按钮。选择“查询”→“运行”命令查看结果。关闭查询设计视图窗口。

8. 复杂总计查询

创建复杂总计查询的操作步骤如下：

(1) 在 student 数据库中单击“查询”对象，双击 在设计视图中创建查询 图标，在“显示表”对话框中添加“选课成绩”、“课程”表，关闭“显示表”对话框。

(2) 分别双击“选课成绩”表中的“课程号”字段和“课程”表中的“课程名”字段，在最后面增加一个字段输入“最高分与最低分的差:Max([试卷成绩])-Min([试卷成绩])”。

(3) 单击工具栏中的“总计”按钮Σ，出现“总计”行，在“最高分与最低分的差”列对应的“总计”下拉列表中选择“表达式”，如图 6-17 所示。

(4) 按 Ctrl+S 组合键，弹出“另存为”对话框，在“查询名称”文本框中输入 qy8，单击“确定”按钮。选择“查询”→“运行”命令查看结果。关闭查询设计视图窗口。

9. 参数查询

创建参数查询以及按查询结构排序的操作步骤如下：

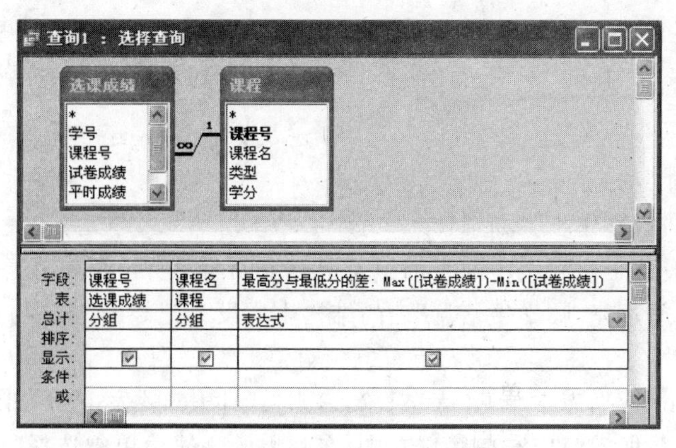

图 6-17　分组总计查询设置

(1) 在 student 数据库中单击“查询”对象，双击 在设计视图中创建查询 图标，在“显示表”对话框中添加“学生信息”和“选课成绩”表，关闭“显示表”对话框。

(2) 分别双击“学生信息”表中的“学号”字段和“选课成绩”表中的“课程号”、“试卷成绩”字段，然后在“学号”列的“条件”行中输入“[请输入需要查询的学号:]”，在“试卷成绩”列的“排序”行中选择“降序”，如图 6-18 所示。

(3) 按 Ctrl+S 组合键，弹出“另存为”对话框，在“查询名称”文本框中输入 qy9，单击“确定”按钮。选择“查询”→“运行”命令查看结果。关闭查询设计视图窗口。

10. 更新查询

创建更新查询的操作步骤如下：

(1) 在 student 数据库中单击“查询”对象，双击 在设计视图中创建查询 图标，在“显示表”对话框中添加“选课成绩”表，关闭“显示表”对话框。

(2) 分别双击“选课成绩”表中的“平时成绩”和“备注”字段。

(3) 单击工具栏的“查询类型”按钮，选择“更新查询”，出现“更新到”行，在“平时成绩”列的“更新到”行中输入“[平时成绩]－1”，在“备注”列的“更新到”行中输入 Null，如图 6-19 所示。

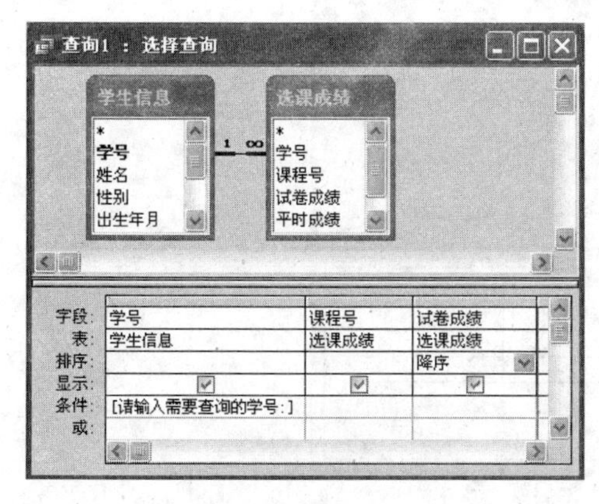

图 6-18　参数查询设置

图 6-19　更新查询设置

(4) 按 Ctrl+S 组合键，弹出“另存为”对话框，在“查询名称”文本框中输入 qy10，单击“确定”按钮。选择“查询”→“运行”命令，然后打开“选课成绩”表查看结果。关闭查询设计视图窗口。

11. 追加查询

创建追加查询的操作步骤如下：

追加查询一般用于把源表中的查询记录追加到目标表中，也常用于合并两个表。在这个实例中，首先通过复制“学生信息”表的结构生成没有记录的“男学生”表，然后再向该表中追加记录。

(1) 在 student 数据库中单击“表”对象，右击“学生信息”表，在弹出的快捷菜单中选择“复制”命令，在数据库窗口空白区域右击，在弹出的快捷菜单中选择“粘贴”命令，在“粘贴表方式”对话框中的“表名称”文本框中输入“男学生”，并选择“只粘贴结构”单选按钮，如图 6-20 所示，单击“确定”按钮。

(2) 在 student 数据库中单击“查询”对象，双击 在设计视图中创建查询 图标，在“显示表”对话框中添加“学生信息”表，关闭“显示表”对话框。

(3) 分别双击“学生信息”表中的“学号”、“姓名”和“性别”字段。

(4) 选择“查询”→“追加查询”命令，弹出“追加”对话框，在“表名称”下拉列表中选择“男学生”选项，选择“当前数据库”单选按钮，如图 6-21 所示，单击“确定”按钮。

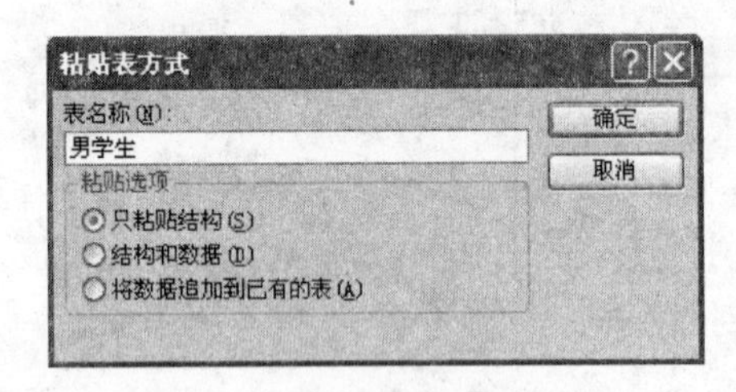

图 6-20 “粘贴表方式”对话框

图 6-21 “追加”对话框

(5) 在“性别”列对应的“条件”中输入“"男"”，如图 6-22 所示。

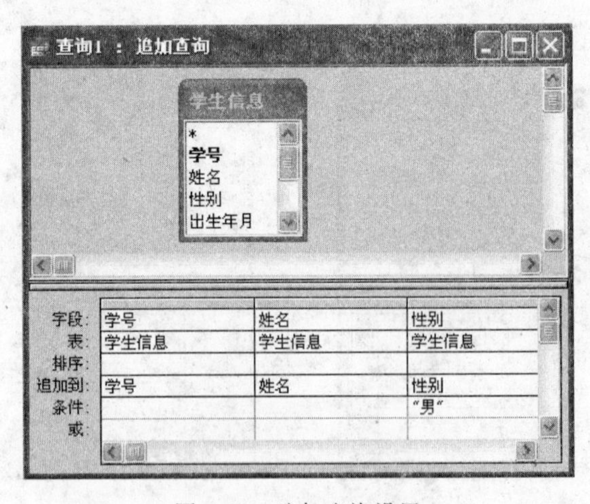

图 6-22 追加查询设置

(6) 按 Ctrl+S 组合键，弹出“另存为”对话框，在“查询名称”文本框中输入 qy11，单击“确定”按钮。选择“查询”→“运行”命令，然后打开“男学生”表查看结果。关闭查询设计视图窗口。

12. 删除查询

创建删除查询的操作步骤如下：

(1) 在 student 数据库中单击“查询”对象，双击 在设计视图中创建查询 图标，在“显示表”对话框中添加“选课成绩”表，关闭“显示表”对话框。

(2) 双击“选课成绩”表中的“学号”字段。

(3) 单击工具栏中的“查询类型”按钮，选择“删除查询”，出现“删除”行，在“学号”列的“条件”行中输入“Left([学号],2) = "03"”，如图 6-23 所示。

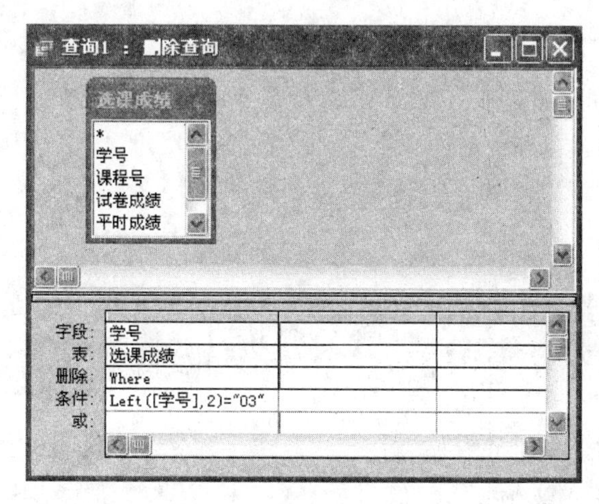

图 6-23 删除查询设置

(4) 按 Ctrl+S 组合键，弹出“另存为”对话框，在“查询名称”文本框中输入 qy12，单击“确定”按钮。选择“查询”→“运行”命令，然后打开“选课成绩”表查看结果。关闭查询设计视图窗口。

案例 6-7

创建窗体。根据“学生信息”表新建一个“纵栏式”窗体“学生信息”。

创建窗体的操作步骤如下：

(1)在 student 数据库窗口中单击“窗体”对象，再单击数据库窗口工具栏中的 新建(N) 按钮，屏幕上显示“新建窗体”对话框。

(2) 在“新建窗体”对话框中选择“自动创建窗体：纵栏式”，然后在“请选择该对象数据的来源表或查询”下拉列表中选择“学生信息”。

(3) 单击“确定”按钮，这时屏幕上显示“学生信息”表的纵栏式窗体。

(4) 按 Ctrl+S 组合键，弹出“另存为”对话框，在“窗体名称”文本框中输入“学生信息”，单击“确定”按钮。关闭窗体设计视图窗口。

案例 6-8

创建报表。根据 qy6 查询新建一个“表格式”报表。

创建报表的操作步骤如下：

(1) 在 student 数据库窗口中单击“报表”对象，再单击数据库窗口工具栏中的新建(N)按钮，屏幕上显示“新建报表”对话框，选择“自动创建报表：表格式”，在“请选择该对象数据的来源表或查询”下拉列表中选择前面建立的 qy6 查询。

(2) 单击“确定”按钮，这时屏幕上显示 qy6 查询的表格式报表。

(3) 按 Ctrl+S 组合键，弹出“另存为”对话框，在“报表名称”文本框中输入“学生成绩”，单击“确定”按钮。关闭报表版面预览视图窗口。

验证性实验 6

(1) 新建一个数据库“教师”，如图 6-24 和图 6-25 所示新建两个表，其中“教师信息”表中“工作时间”字段为“日期/时间”型，格式为“长日期”。“代课”表中“课时”字段为“数字”型，字段大小为“整型”。两个表中的其他字段均为“文本”型。

教师信息：表

编号	姓名	性别	工作时间	政治面貌	学历	职称	系别
010001	刘乐	男	1990年5月9日	党员	博士研究生	副教授	计算机
020001	王伟	男	1998年9月9日	群众	硕士研究生	讲师	外语
010002	李静	女	2002年7月1日	党员	硕士研究生	讲师	计算机
030001	张妍熙	女	2009年7月1日	群众	硕士研究生	助教	外语
040001	王磊	男	2003年7月1日	党员	硕士研究生	讲师	法政

记录：1 共有记录数：5

图 6-24 “教师信息”表

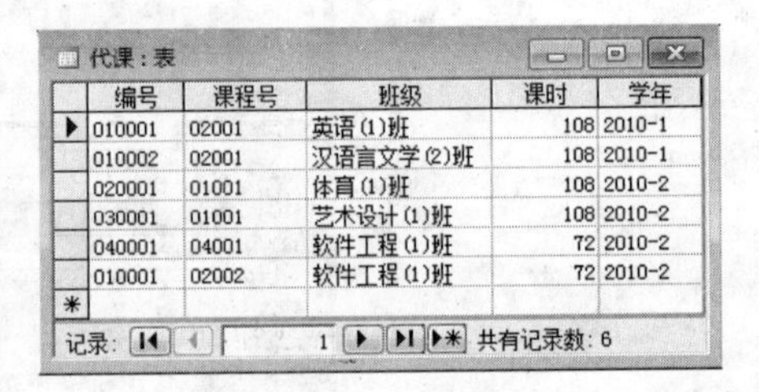

代课：表

编号	课程号	班级	课时	学年
010001	02001	英语(1)班	108	2010-1
010002	02001	汉语言文学(2)班	108	2010-1
020001	01001	体育(1)班	108	2010-2
030001	01001	艺术设计(1)班	108	2010-2
040001	04001	软件工程(1)班	72	2010-2
010001	02002	软件工程(1)班	72	2010-2

记录：1 共有记录数：6

图 6-25 “代课”表

(2) 将按表 6-3 和表 6-4 所建的“课程”表导入到“教师”数据库中。

(3) 设置有效性规则。设置“教师信息”表的“性别”字段的默认值为“男”，设置“有效性规则”为“男或女”，设置“有效性文本”为“请输入男或女”。

(4) 修改“教师信息”表，将“编号”设置为主键；修改“课程”表，将“课程号”设置为主键。

(5) 建立表间关系。建立“教师信息”表与“代课”表之间的一对多关系，并实施参照完整性。建立“代课”表和“课程”表之间的一对多关系，并实施参照完整性。

(6) 设置“教师信息”表显示的字体大小为 16，行高为 20。

(7) 将“教师信息”表的“编号”和“姓名”字段冻结。

(8) 新建一个多表查询，显示“教师信息”表的“编号”、“姓名”字段，“代课”表的“学年”字段，“课程”表的“课程名”字段，运行和查看结果，并保存为 qy1。

(9) 新建一个总计查询，计算每个教师的课时量，要求显示“编号”、“姓名”、“总课时”字段，其中“总课时”字段是计算字段，运行和查看结果，并保存为 qy2。

(10) 根据查询 qy1 新建一个“表格式”报表，并保存为“教师代课情况”。

第7章 计算机网络基础

实验 7-1 Internet 信息浏览、搜索

实验目的

(1) 掌握 IE 的基本操作方法和常用设置。

(2) 熟练掌握网上信息浏览、搜索方法。

操作指导

案例 7-1

设置 IE 主页的操作步骤如下：

(1) 单击桌面上的 IE 图标打开 IE 浏览器，如图 7-1 所示。

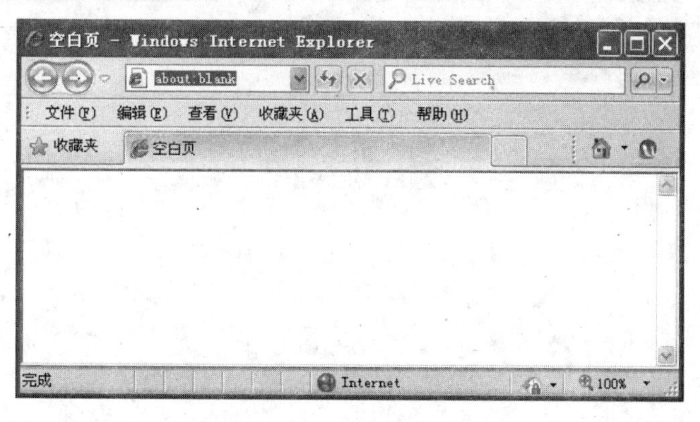

图 7-1 IE 窗口

(2) 选择"工具"→"Internet 选项"命令，在弹出的"Internet 选项"对话框中的"常规"选项卡下的"主页"栏中输入"www.163.com"，如图 7-2 所示，单击"确定"按钮。

(3) 单击 IE 窗口中的"主页"图标🏠，或直接按 Alt＋M 组合键就可打开网易首页。

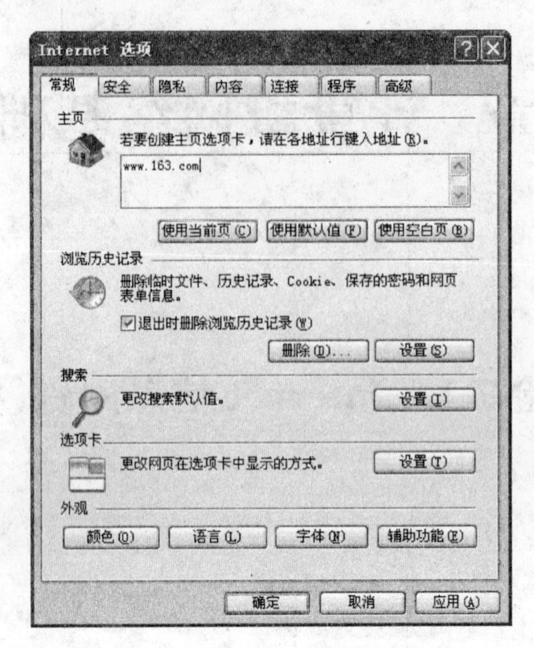

图 7-2 “Internet 选项”对话框

案例 7-2

收藏网站的操作步骤如下：

(1) 打开百度网站首页，如图 7-3 所示。

图 7-3 百度首页

(2) 选择“收藏夹”→“添加到收藏夹”命令，打开“添加收藏”对话框，如图 7-4 所示。单击“添加”按钮即完成收藏百度网站的设置。

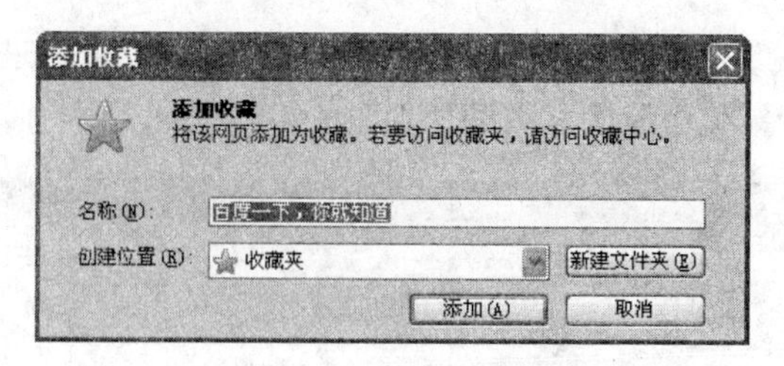

图 7-4 “添加收藏”对话框

(3) 若要将所收藏的网站分类收藏，可在图 7-4 中单击“新建文件夹”按钮，打开“创建文件夹”对话框，在“文件夹名”文本框中输入“搜索引擎”，如图 7-5 所示，单击“创建”按钮。

(4) 如图 7-6 所示，“创建位置”已更改为“搜索引擎”，单击“添加”按钮。

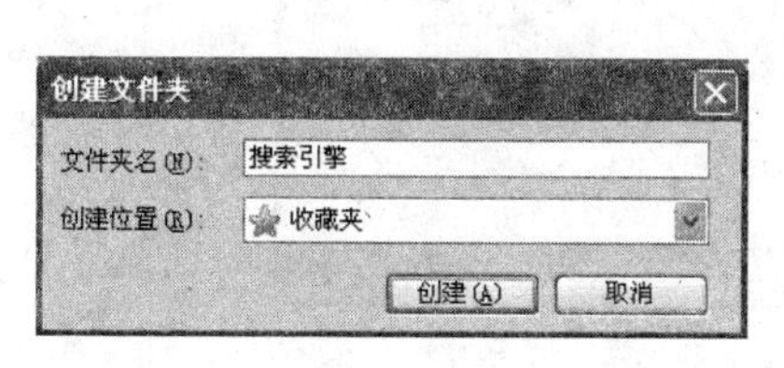

图 7-5 “创建文件夹”对话框

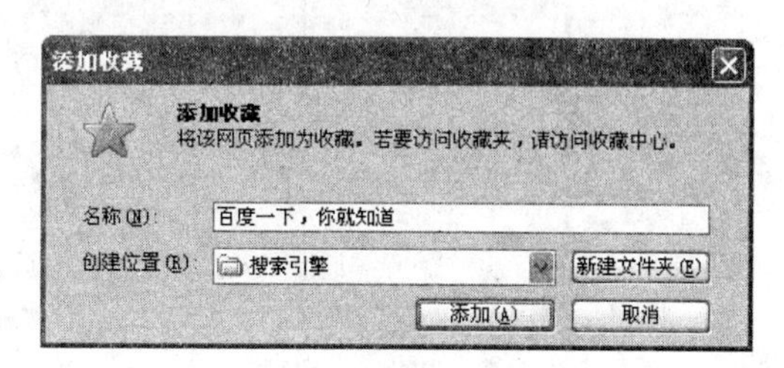

图 7-6 “添加收藏”对话框

(5) 打开“收藏夹”菜单，查看在其下是否已有名为“搜索引擎”的收藏夹。

案例 7-3

信息搜索的操作步骤如下：

(1) 打开百度首页。

(2) 在文本框中输入“大学生社会”，在输入的过程中相关的提示就会出现在文本框下方，如图 7-7 所示。

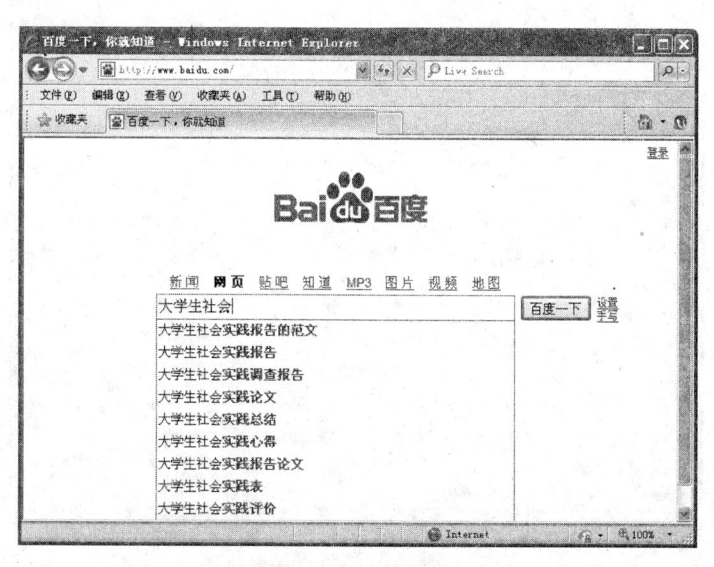

图 7-7 “百度”搜索

(3) 若想要搜索的关键词已出现在其中，用键盘上的↑、↓键进行选择后按 Enter 键确定，页面中显示图 7-8 所示的搜索结果。

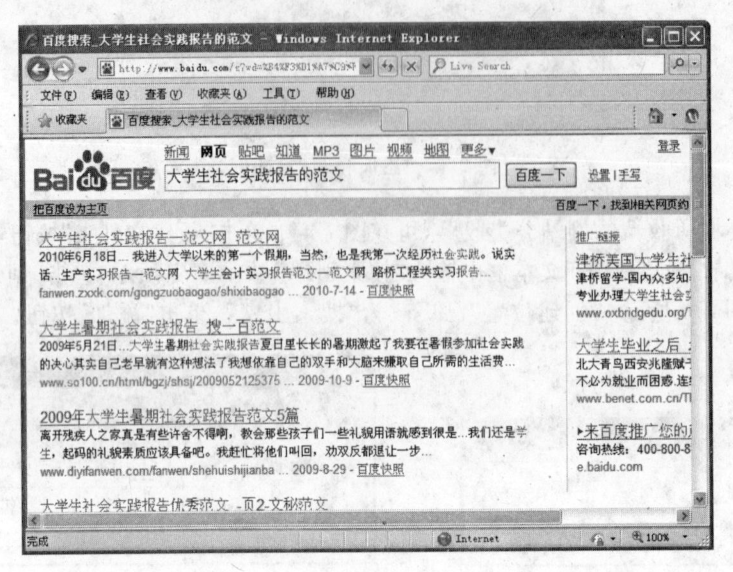

图 7-8 搜索结果

(4) 从图 7-3 中可以看出，使用百度除了可以按网页搜索外，还可以按新闻、贴吧、知道、MP3、图片、视频、地图等进行搜索。单击百度首页中文本框下方的“更多”超链接可打开图 7-9 所示的页面，其中提供了更全面的搜索项目。

图 7-9 百度搜索

案例 7-4

保存网页的操作步骤如下：

（1）现要将刚才搜索到的“大学生社会实践报告范文”网页进行保存，选择“文件”→“另存为”命令，如图 7-10 所示。

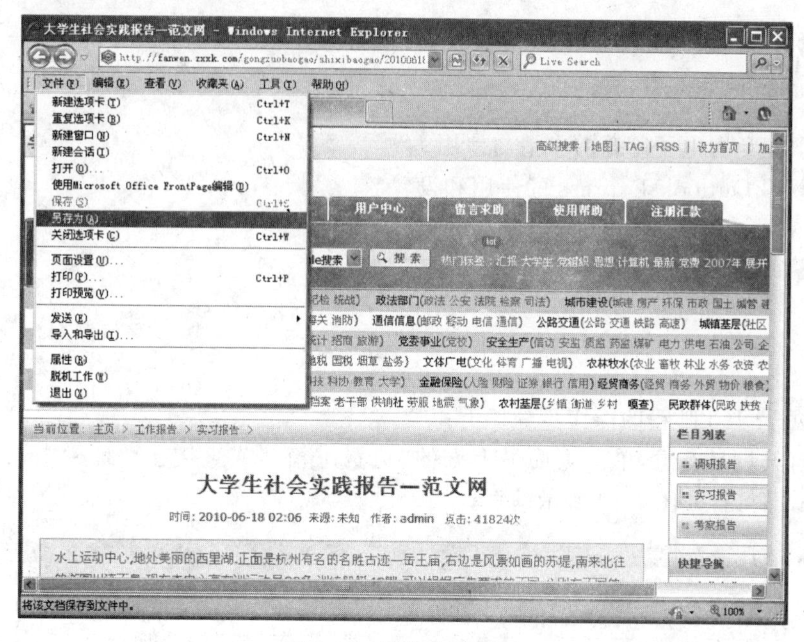

图 7-10　需保存的网页

（2）打开图 7-11 所示“保存网页”对话框，若要将网页中的所有图片、文字等信息全部保存，就在“保存类型”下拉列表中选择“网页，全部”；若不保存网页中的图片，可选择

图 7-11　“保存网页”对话框

"网页,仅 HTML"。设置完保存位置后,单击"保存"按钮即完成该网页的保存操作。

实验 7-2　Internet 免费电子邮箱申请与 Outlook Express 设置

实验目的

(1) 掌握免费电子邮箱的申请与使用。

(2) 掌握 Outlook Express 的使用和设置。

操作指导

案例 7-5

申请免费 163 邮箱的操作步骤如下:

(1) 打开网易首页,单击页面最上方的"免费邮箱",或直接在地址栏中输入"email.163.com",即可打开图 7-12 所示网页。

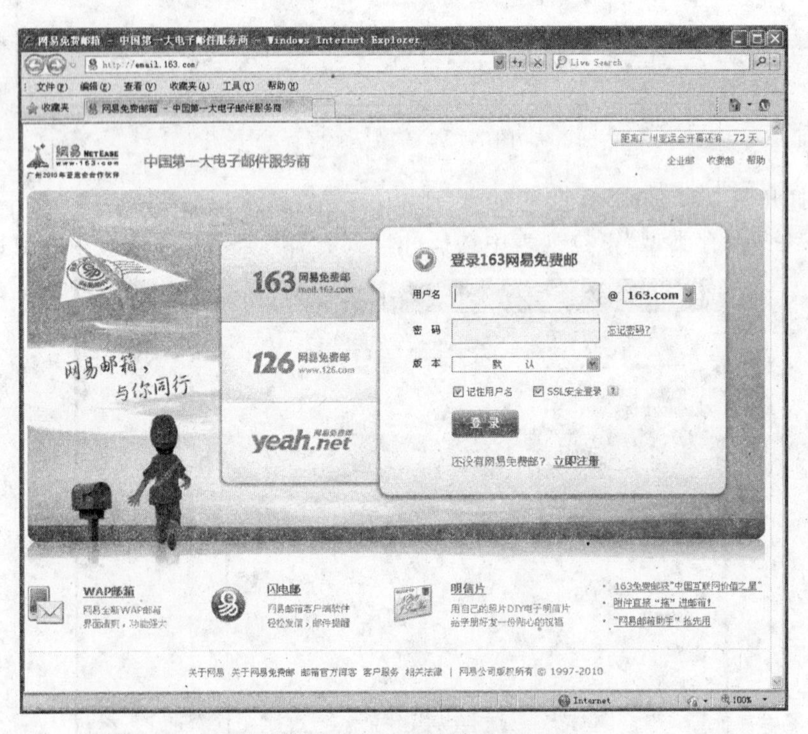

图 7-12　网易免费邮箱登录页面

(2) 从图 7-12 中可以看出,网易提供了三种免费邮箱: 163、126 和 yeah. net。这里以 163 为例申请。单击"立即注册"链接,打开图 7-13 所示注册页面。

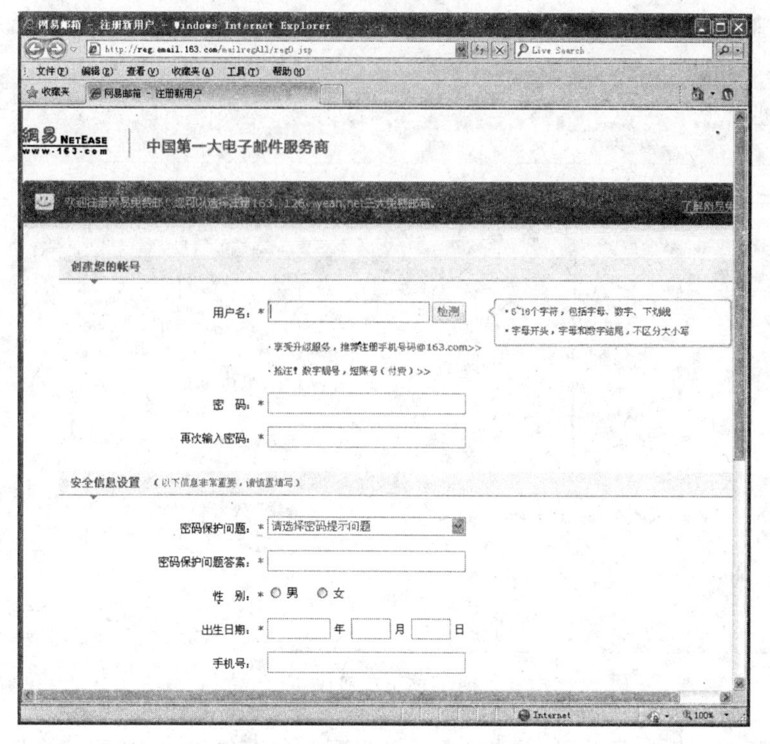

图 7-13 免费邮箱注册页面

(3) 图中注有红色星号(*)的选项为必须填写的；用户名在填写完后应单击后面的“检测”按钮查看此用户名是否已被注册过，若未被注册过，再继续填写后面各选项中的内容。此处注册时用户名为 teacher_liu001，密码为 teacherliu001。全部填写完后，单击“创建账号”按钮，转入图 7-14 所示页面，进行注册确认后单击“确定”按钮。

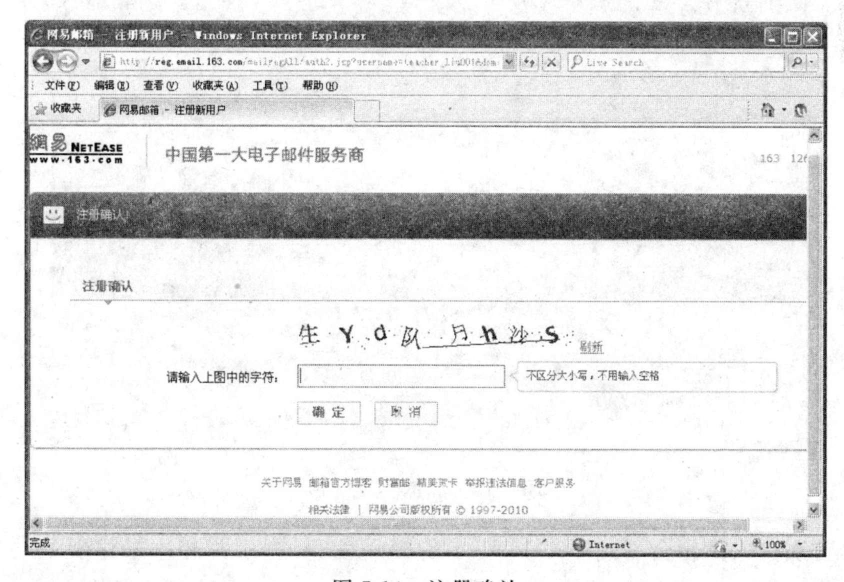

图 7-14 注册确认

（4）注册成功后显示基本的注册信息，如图 7-15 所示。

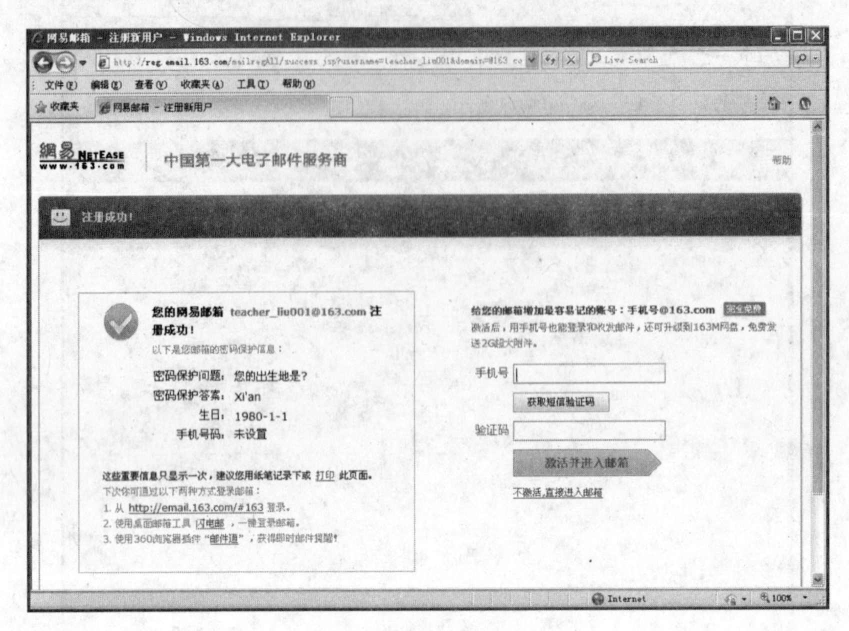

图 7-15　注册成功

（5）若不想与手机号关联，单击右下方的"不激活，直接进入邮箱"链接就会进入刚注册的免费邮箱中，如图 7-16 所示。单击"马上开始"按钮。

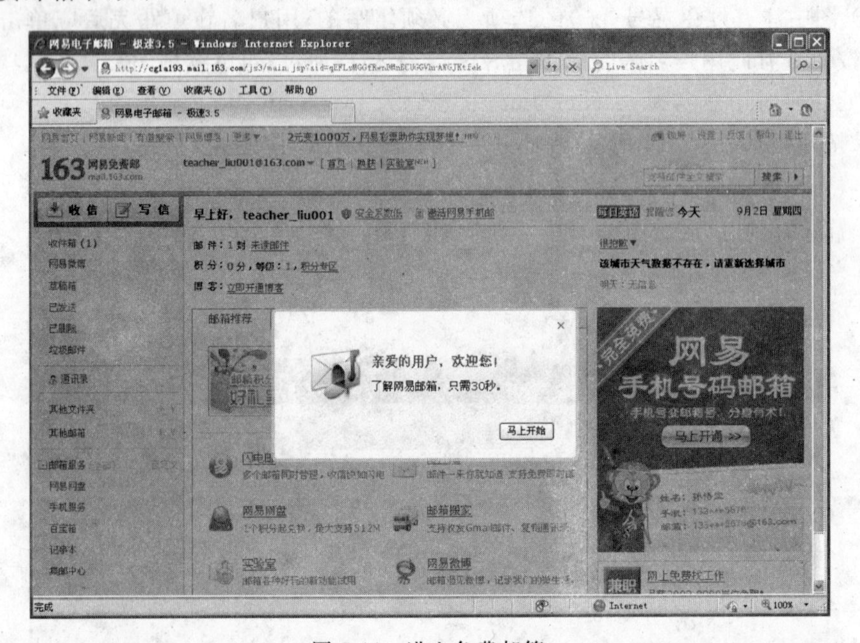

图 7-16　进入免费邮箱

（6）首次进入邮箱会看到图 7-17 所示的提示信息，指示邮箱中最主要的功能所在，可单击"下一步"按钮逐一浏览，也可直接单击提示信息右上方的"×"将其关闭。

图 7-17　免费邮箱功能简介

至此，免费邮箱已经申请成功。

案例 7-6

使用 163 邮箱收发电子邮件的操作步骤如下：

(1) 打开登录邮箱页面，输入注册时使用的用户名和密码，如图 7-18 所示。

图 7-18　免费邮箱登录页面

(2) 单击“登录”按钮，进入免费邮箱，如图 7-19 所示。

图 7-19　进入免费邮箱

(3) 单击左侧的“收件箱”就可以看到所有收到的邮件，如图 7-20 所示，单击想要查看的邮件主题就能打开该封邮件。

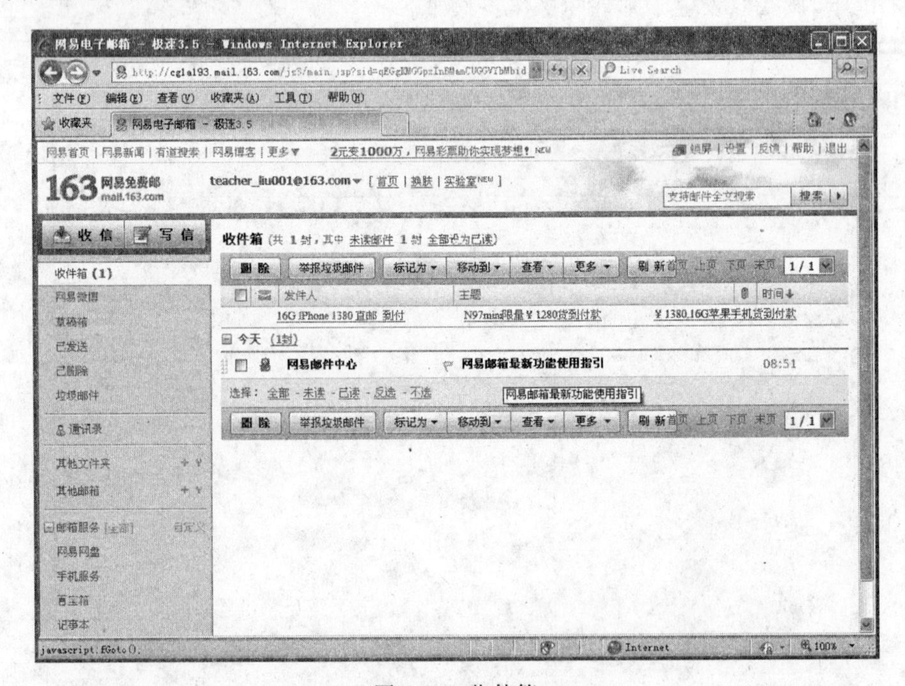

图 7-20　收件箱

（4）当要发邮件时，单击页面左上方的“写信”按钮，即可打开邮件编辑页面，如图 7-21 所示，在“收件人”文本框中输入对方的邮箱地址，如 student_zhang@163.com；在“主题”文本框输入此封邮件的主题，旨在告诉对方此邮件的主要用意；在“内容”下方编辑邮件的内容，邮件中的文字还可以进行加粗、斜体、下划线、字体、颜色等设置。如果需要同时发送一个文件给对方，可单击“内容”上方的“添加附件”链接，会弹出一个图 7-22 所示的对话框，在其中选择要发送的文件后单击“打开”按钮返回到邮件编辑页面。

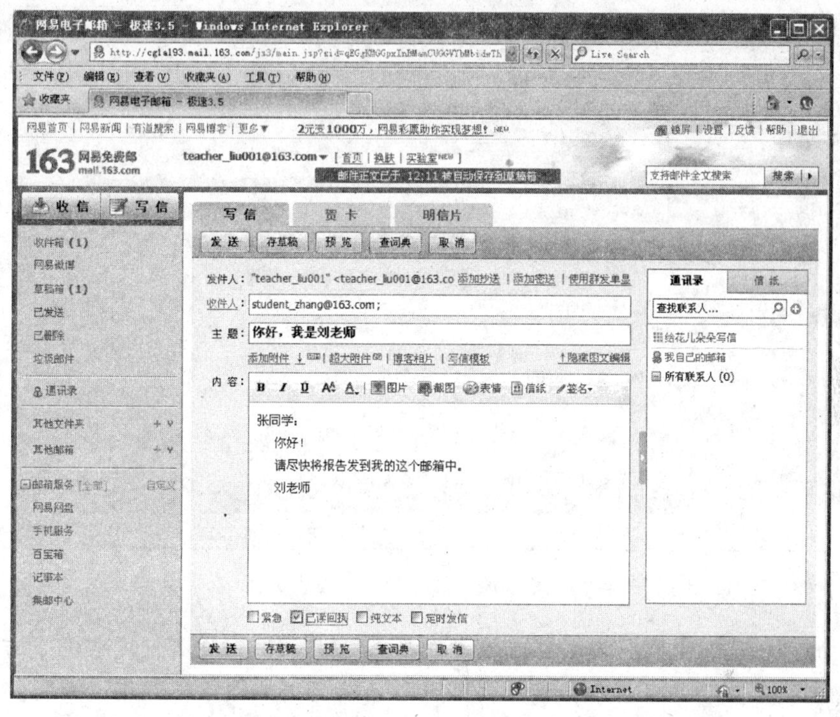

图 7-21　编辑邮件

图 7-22　发送附件

(5) 此时在邮件的“主题”下方就会出现要随邮件一起发送的附件名称，如图 7-23 所示。

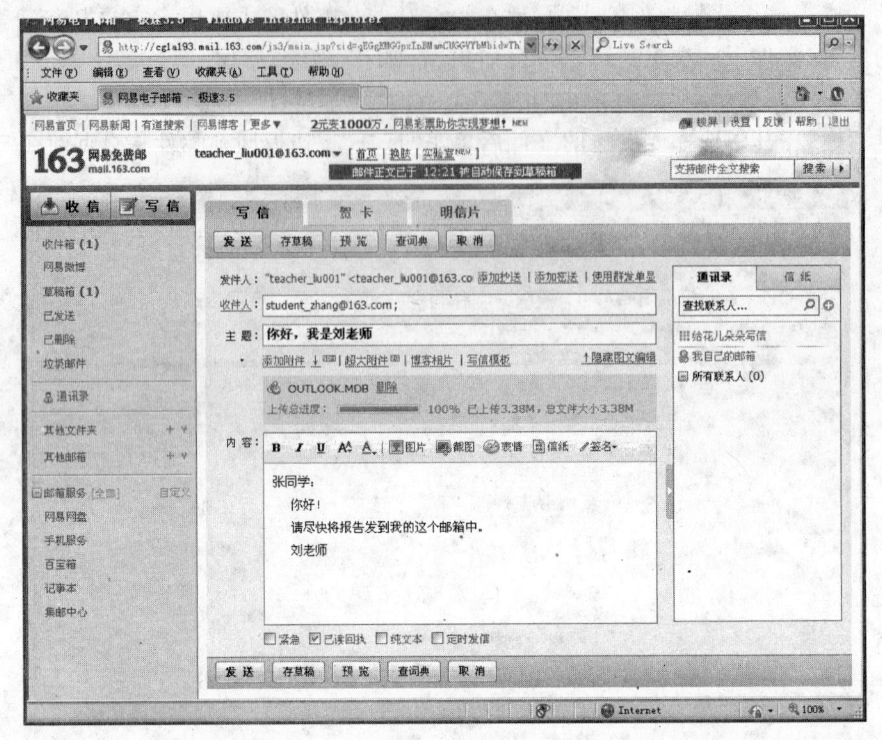

图 7-23　加附件后的邮件编辑页面

(6) 如果想在发出信后知道对方是否看到了此封邮件，可在邮件内容的下方选中“已读回执”复选框，这样对方在打开这封邮件时系统就会提示他给你发送一个邮件，告诉你他已经收到并打开了此邮件。

(7) 单击邮件编辑页面上方或最下方的“发送”按钮，弹出一个系统提示，设置你的姓名，如图 7-24 所示。

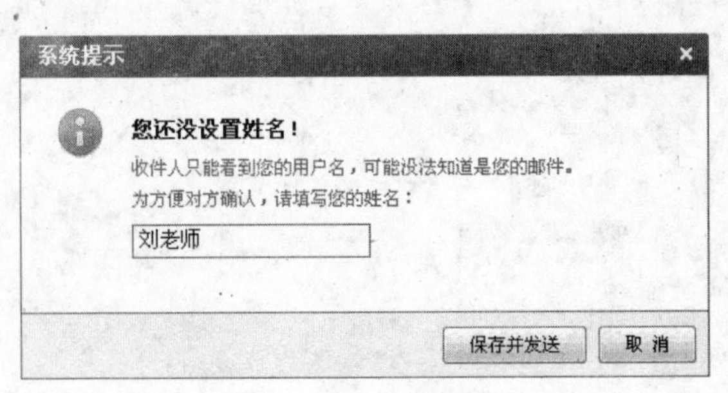

图 7-24　设置发件人姓名

(8) 单击“保存并发送”按钮即可将此邮件发出。发送成功页面如图 7-25 所示。

(9) 为了日后使用方便，可以将经常联系的人的邮箱地址和其基本信息保存到“通讯录”中。

图 7-25　邮件发送成功

案例 7-7

设置 Outlook Express 收发电子邮件的操作步骤如下：

(1) 添加账户。

(2) 当要使用 Outlook Express 收、发 E-mail 时，必须已经有在某个网站上申请过的一个电子邮箱，如前例中在网易网站上申请了的免费邮箱，E-mail 地址为 teahcer_liu001@163.com，然后才能在 Outlook Express 上创建此账户。

(3) 启动 Outlook Express，显示图 7-26 所示窗口。

(4) 选择"工具"→"账户"命令，打开"Internet 账户"对话框，选择"邮件"选项卡，如图 7-27 所示。由于这是第一次启动 Outlook Express，因此并没有账户在里面。

(5) 单击"添加"按钮，选择其中的"邮件"，如图 7-28 所示。

(6) 弹出"Internet 连接向导"对话框，如图 7-29 所示，此时要求填写"显示名"，可根据自己的喜好进行填写。填写完毕，单击"下一步"按钮。

(7) 填写要用于发送和接收电子邮件的邮箱地址，如图 7-30 所示。单击"下一步"按钮。

(8) 填写接收和发送邮件服务器，如图 7-31 所示，此处显示的是与刚才所填写邮箱一致的网易邮件服务器。单击"下一步"按钮。

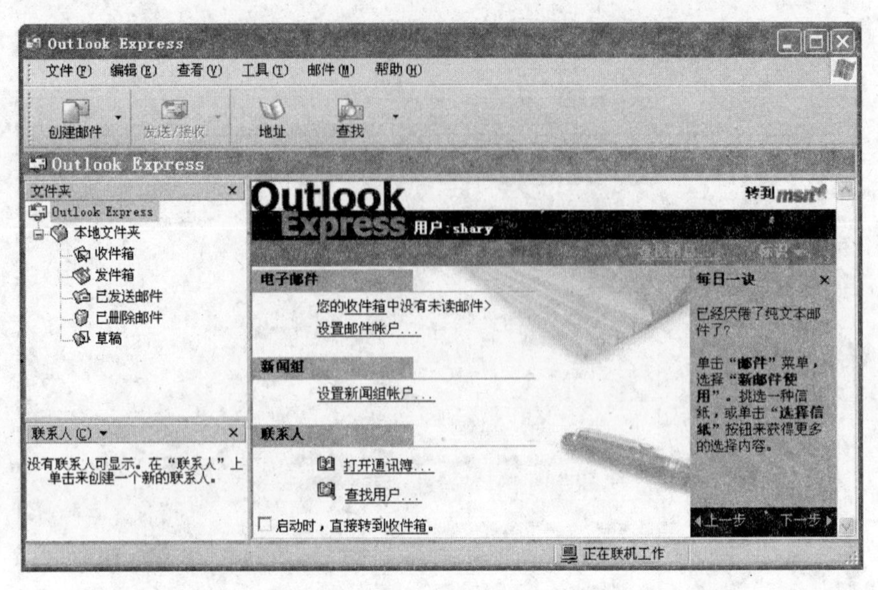

图 7-26　Outlook Express 主窗口

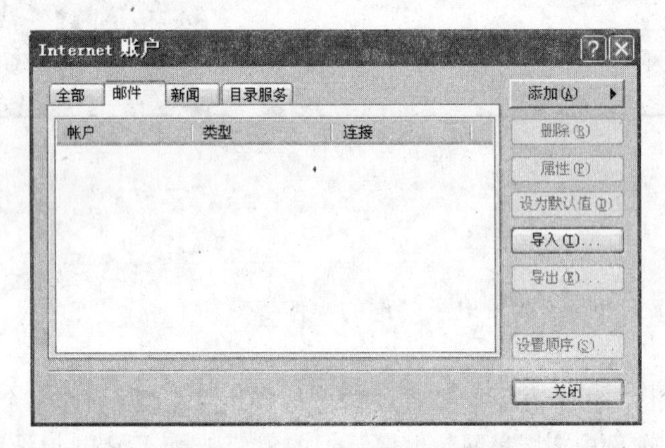

图 7-27　"Internet 账户"对话框

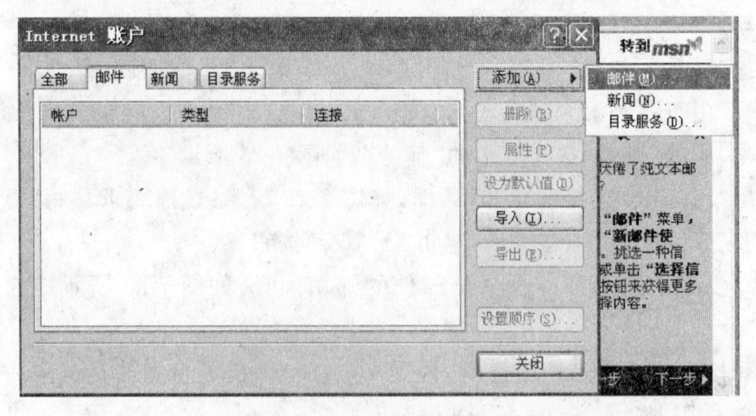

图 7-28　在"Internet 账户"对话框中添加邮件账户

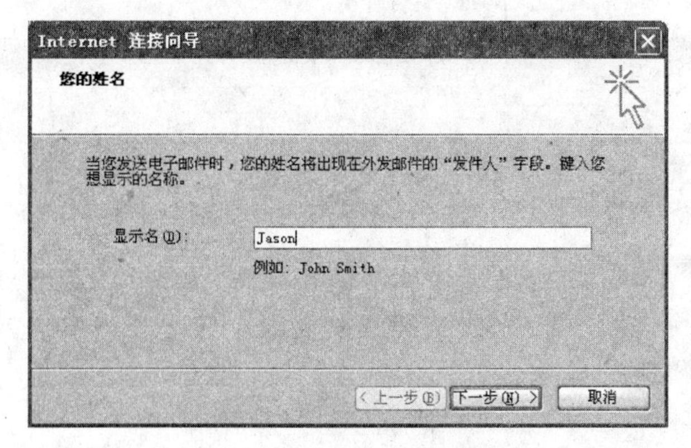

图 7-29　设置账户的显示名

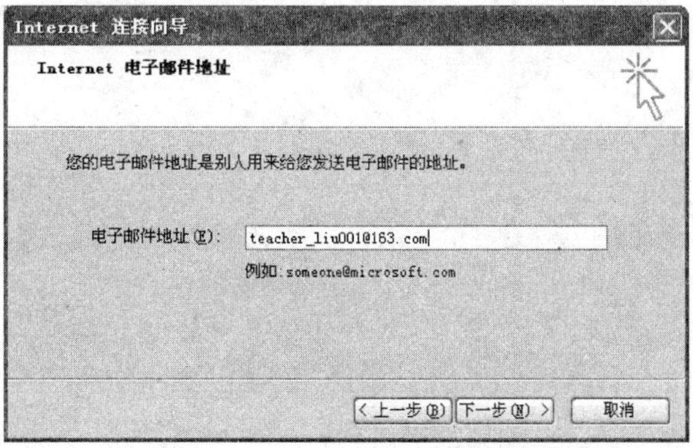

图 7-30　设置账户的电子邮件地址

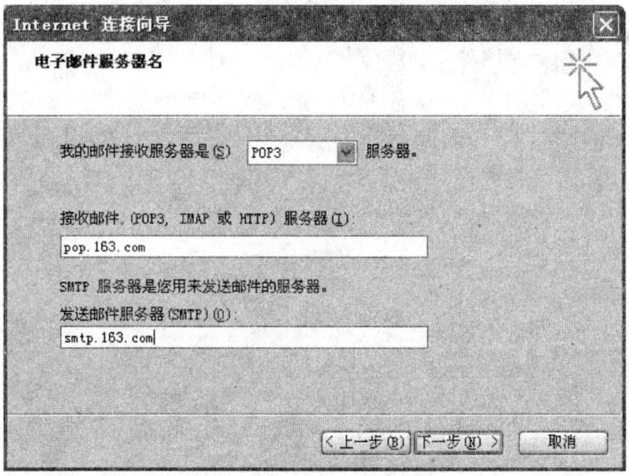

图 7-31　设置邮件服务器

说明：此处的填写内容根据使用的邮箱的不同而定，当然也可以选择网易或搜狐的邮箱。那么如何知道各网站所提供的接收邮件服务器和发送邮件服务器呢？以网易邮箱为例，在图 7-25 的右上方单击"帮助"菜单，打开网易邮箱的帮助中心，如图 7-32 所示，在其右下方有"如何设置 Outlook 等客户端软件?"的热点问题，单击将其打开。

图 7-32　网易邮箱帮助中心

(9) 如图 7-33 所示，就能找到邮件接收服务器设置方法了。

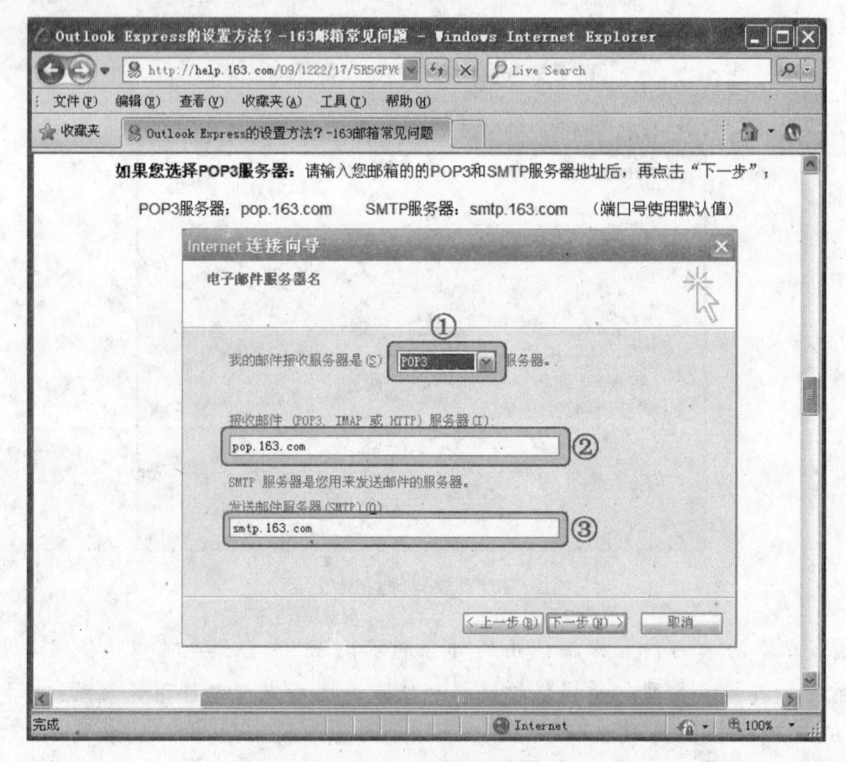

图 7-33　POP3 服务器设置

(10) 在图 7-31 中单击“下一步”按钮后进入到图 7-34 所示对话框。如果在此处选中了“记住密码”复选框,并在“密码”文本框中输入该邮箱的密码,那么以后在每一次启动 Outlook Express 的时候都无须再输入邮箱的密码,可直接进入到邮箱当中,非常方便。单击“下一步”按钮。

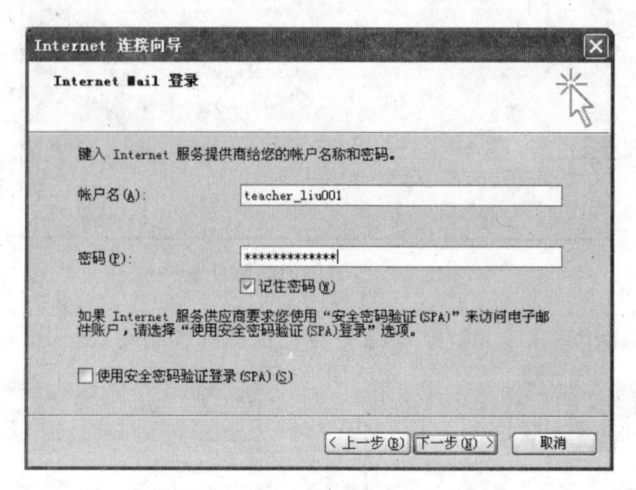

图 7-34　设置邮箱的账户名和密码

注意:如果不能保证计算机只被自己使用,那么最好还是不要选择“记住密码”复选框,以免邮箱里的邮件被别人无意中看到。

(11) 设置完成,单击“完成”按钮,如图 7-35 所示。

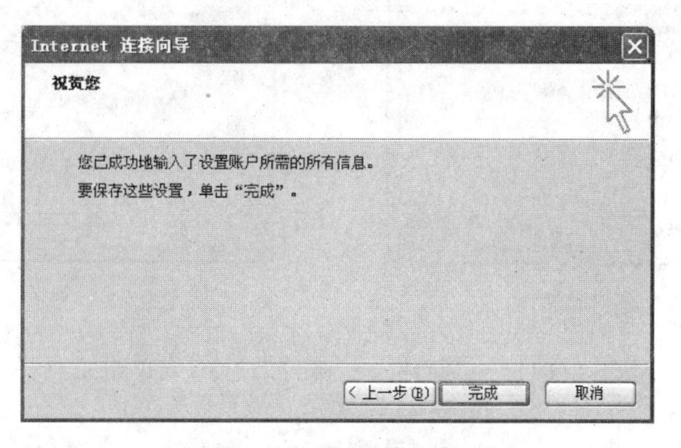

图 7-35　邮件账户添加完成

(12) 返回到“Internet 账户”对话框,此时在“邮件”选项卡下已经有了刚才所创建的账户,如图 7-36 所示。

说明:如果还有其他的邮箱,那么也可以按照上述步骤创建账户。这样,就不必在查邮件的时候依次登录每个网站,其优越性在此时尤为突出。

(13) 创建完成之后还需要对该账户进行修改,可以在图 7-36 中选中要修改的账户,单击右侧的“属性”按钮,打开相应的对话框,如图 7-37 所示。选择“服务器”选项卡,选中“我的服务器要求身份验证”复选框。

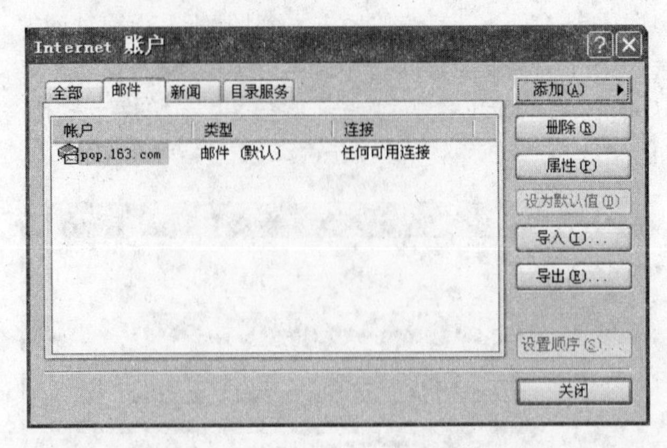

图 7-36　查看添加的邮件账户

(14) 选择"高级"选项卡，选中"在服务器上保留邮件副本"复选框，如图 7-38 所示。

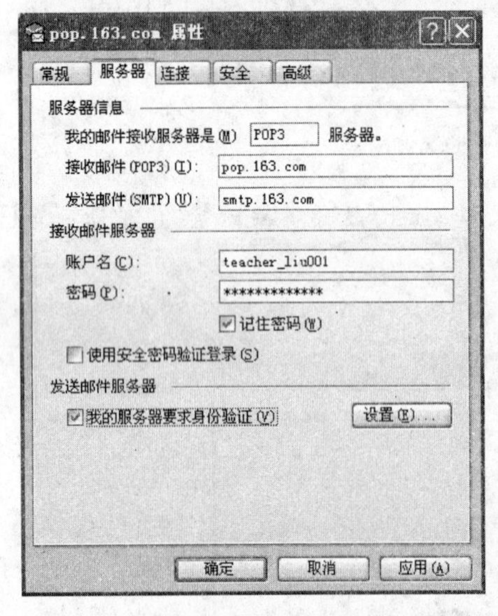

图 7-37　账户属性设置

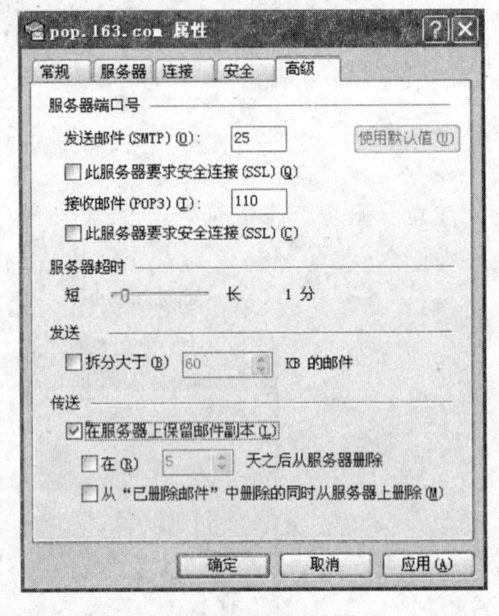

图 7-38　账户属性设置

(15) 发邮件。选择"文件"→"新建"→"邮件"命令，或单击工具栏中的"创建邮件"按钮，如图 7-39 所示。

(16) 弹出"新邮件"窗口，编辑邮件操作与在网易邮箱相同，如图 7-40 所示。编辑好后，单击"发送"按钮发出邮件。

(17) 如果要在邮件中加入附件，可在编辑邮件状态时选择"插入"→"文件附件"命令，然后在打开的"插入附件"对话框中选择需要的文件后单击"附件"按钮，然后再单击"发送"按钮发出邮件。

(18) 如果邮件发送成功，那么"发件箱"中就不会显示该邮件，而相应的在"已发送邮件"中出现刚才发送成功的邮件。

(19) 邮件的接收。当要查看是否有新邮件时，可选择工具栏中的"发送/接收"→"接

图 7-39　用按钮法新建邮件

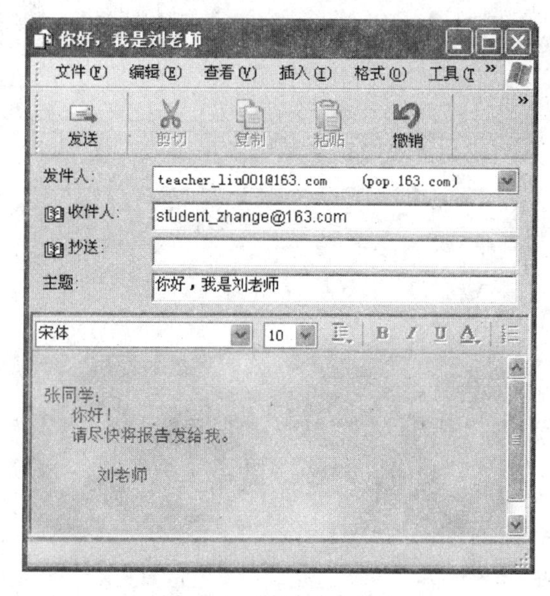

图 7-40　“新邮件”窗口

收全部邮件”命令，如图 7-41 所示。

(20) 如果有新邮件，就会显示出图 7-42 所示的进程对话框；如果没有新邮件，可能就会很快地一闪而过。

验证性实验 7-1

(1) 设置 IE 的主页。

(2) 设置 IE 的收藏夹。

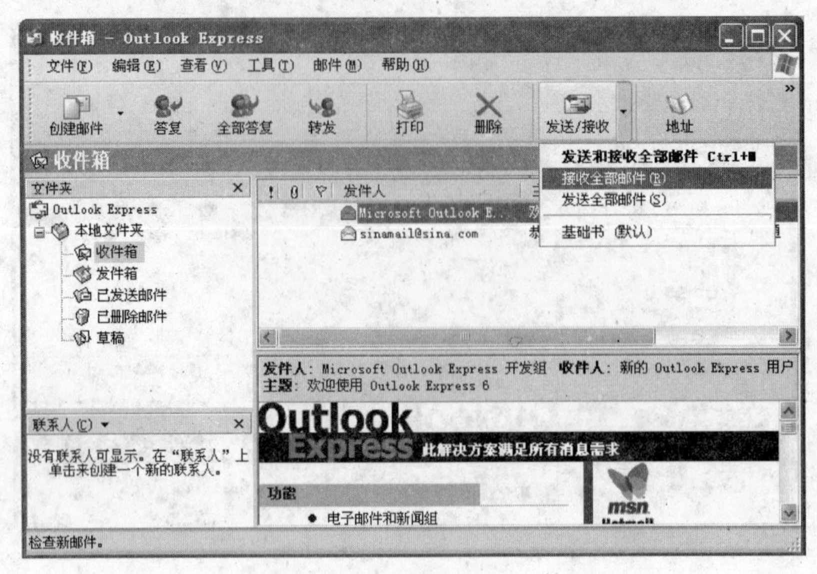

图 7-41 接收邮件

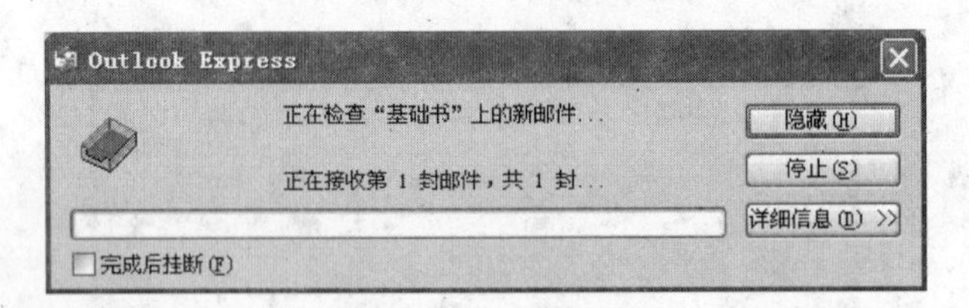

图 7-42 接收邮件进度条

(3) 使用搜索引擎查找与 TCP/IP 协议相关的知识。

验证性实验 7-2

申请自己的免费电子邮箱账号并设置 Outlook，收发电子邮件。

第8章 图像处理软件 Photoshop

实验 8 Photoshop 图像处理

实验目的

(1) 掌握选区的操作。
(2) 掌握画笔的使用方法。
(3) 掌握图层和图层效果的设置。

操作指导

案例 8-1

绘制卡通笑脸。

本案例通过使用椭圆选框工具和渐变工具制作完成一个漂亮的卡通笑脸图像，在制作时注意掌握选区的加减运算、图层的复制、图层不透明度的设置以及钢笔工具的使用，最终效果如图 8-1 所示。

具体的操作步骤如下：

(1) 选择“文件”→“新建”命令，在弹出的“新建”对话框中设置画布的宽度为 400 像素，高度为 400 像素，分辨率为 72 像素/英寸，单击“确定”按钮，如图 8-2 所示。

图 8-1 卡通笑脸效果图

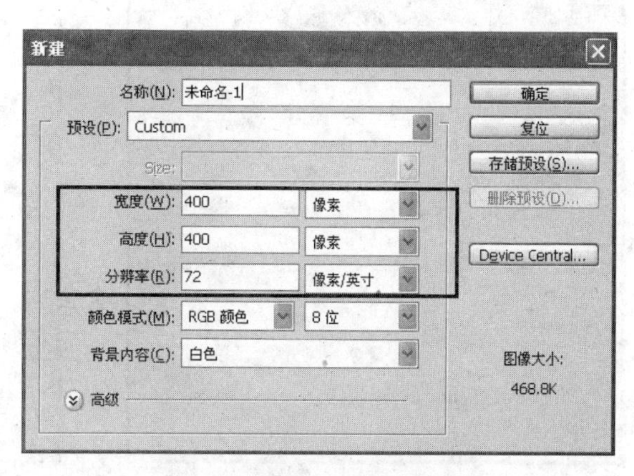

图 8-2 “新建”对话框的设置

(2) 在工具箱中选择“椭圆选框”工具，在画布中绘制一个圆形选区，单击“图层”面板上的“创建新图层”按钮 新建“图层 1”，设置前景色为 RGB(233,180,75)，按 Alt+Backspace 组合键将前景色填充到圆形选区，如图 8-3 和图 8-4 所示。

(3) 选择“选择”→“修改/收缩”命令，弹出“收缩选区”对话框，设置“收缩量”为 4 像素，如图 8-5 所示。

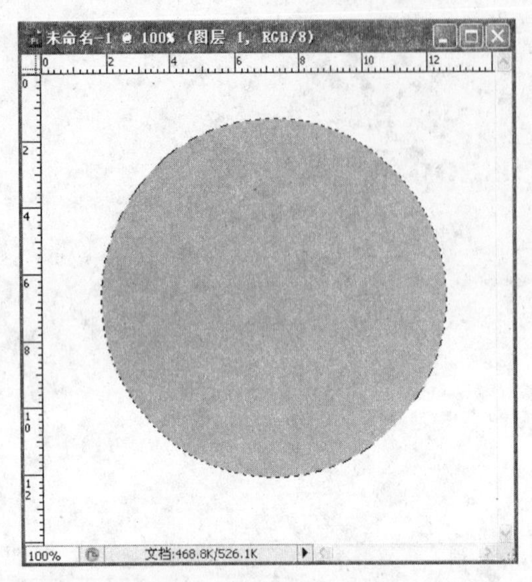

图 8-3　绘制圆形选区

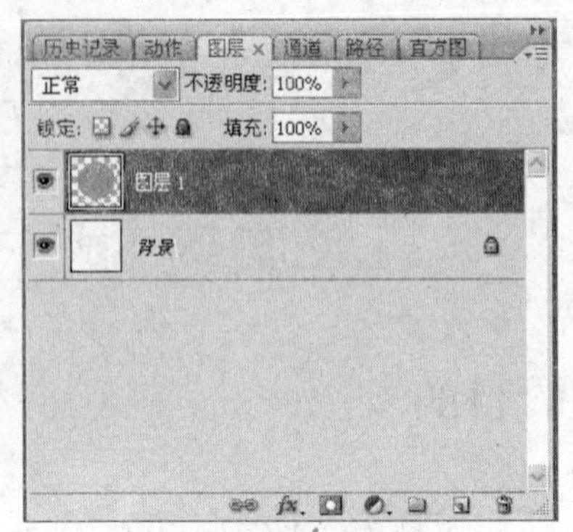

图 8-4　图层面板

图 8-5　“收缩选区”对话框

(4) 在“图层”面板上单击“创建新图层”按钮 新建“图层 2”，选择“渐变工具”按钮，单击“选项栏”上的“渐变预览条”，在弹出的“渐变编辑器”窗口中从左至右设置色标的颜色值为 RGB(255,250,190) 和 RGB(210,130,10)，单击“确定”按钮，在圆形选区中从上到下填充径向渐变，如图 8-6 和图 8-7 所示。

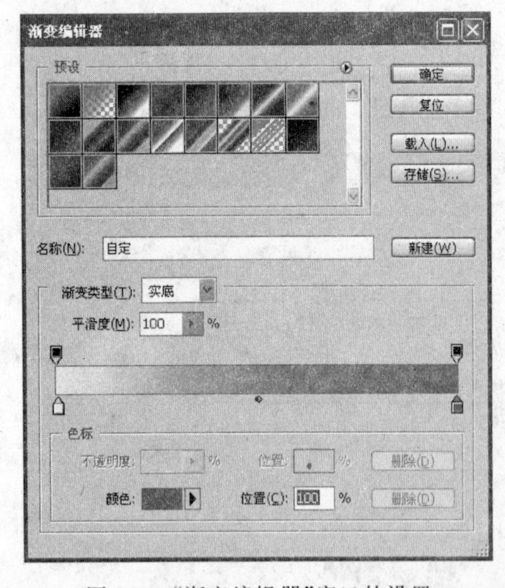

图 8-6　“渐变编辑器”窗口的设置

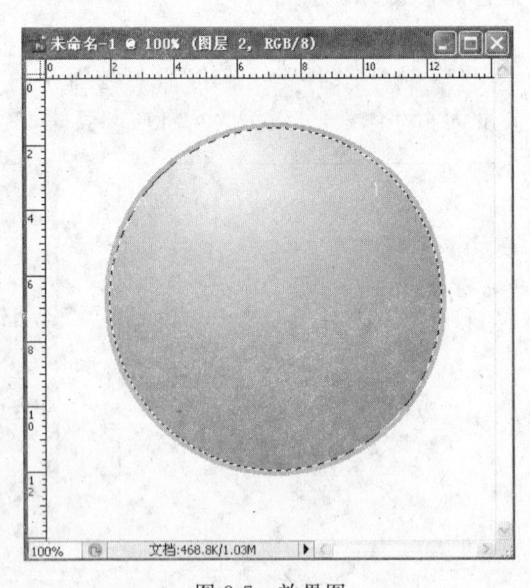

图 8-7　效果图

(5) 在“图层”面板上单击“创建新图层”按钮 新建“图层 3”，在工具箱中选择“椭圆选框”工具，在画布中绘制一个圆形选区，选择“渐变工具”按钮，单击“选项栏”上的“渐变预览条”，在弹出的“渐变编辑器”窗口中从左至右设置色标的颜色值为 RGB(255,250,210)和 RGB(232,175,40)，单击“确定”按钮，在圆形选区中从上到下填充径向渐变。其效果如图 8-8 和图 8-9 所示。

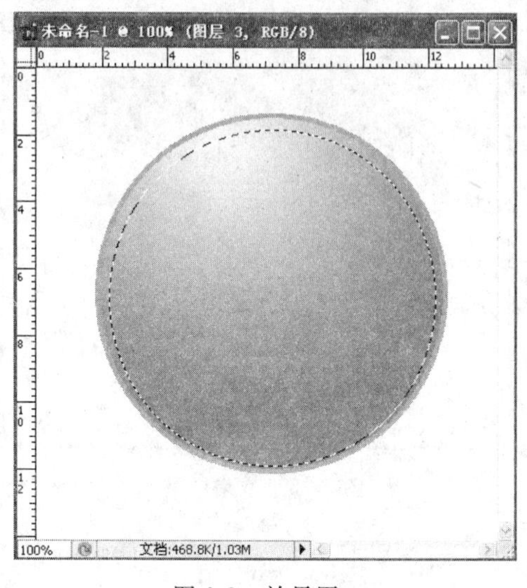

图 8-8　效果图 1

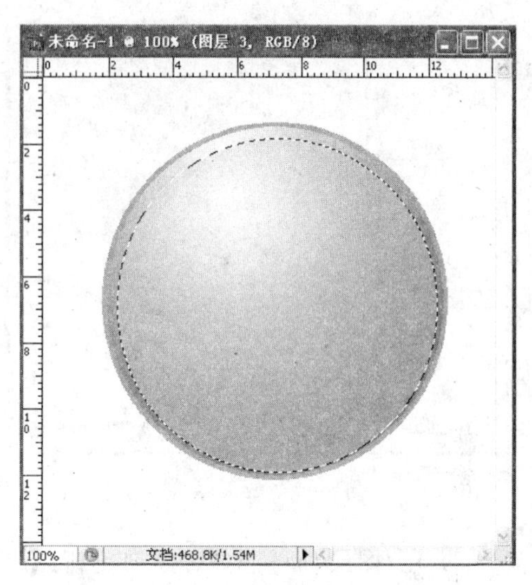

图 8-9　效果图 2

(6) 在“图层”面板上单击“创建新图层”按钮 新建“图层 4”，在工具箱中选择“椭圆选框”工具，在画布中绘制一个圆形选区，选择“渐变工具”按钮，单击“选项栏”上的“渐变预览条”，在弹出的“渐变编辑器”窗口中从左至右设置色标的颜色值为 RGB(240,205,60)和 RGB(230,150,30)，单击“确定”按钮，在圆形选区中填充径向渐变。其效果如图 8-10 和图 8-11 所示。

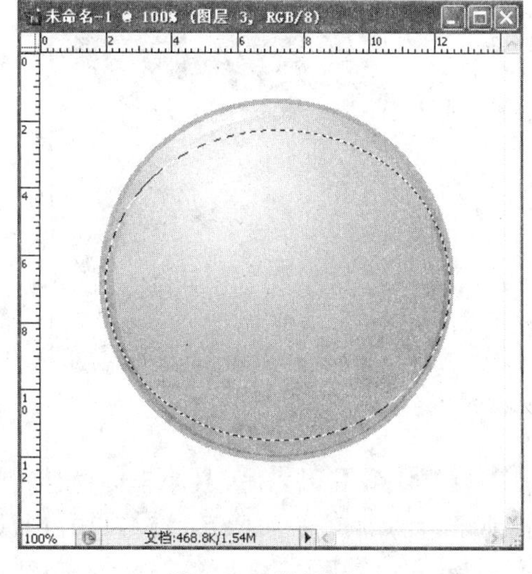

图 8-10　效果图 3

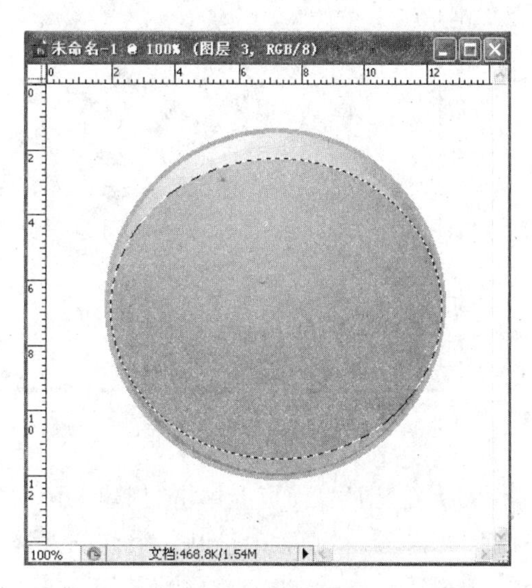

图 8-11　效果图 4

(7) 在工具箱中选择"椭圆选框"工具，按住 Alt 键，在画布中的选区中剪掉选区，操作步骤如图 8-12 和图 8-13 所示。

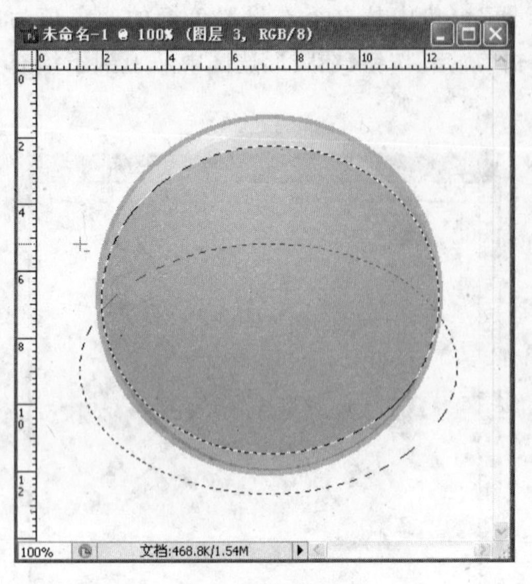

图 8-12　效果图 5

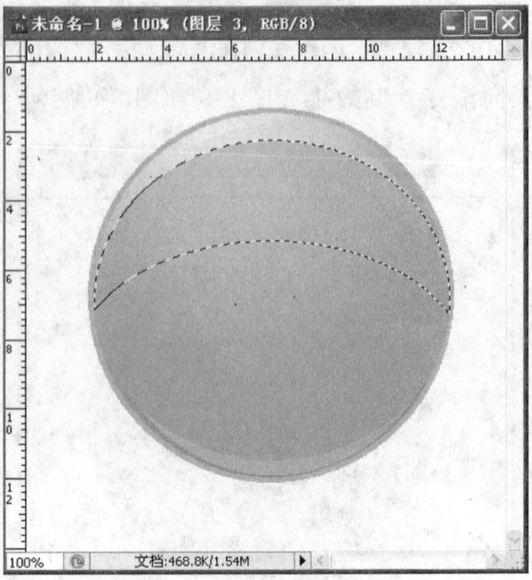

图 8-13　效果图 6

(8) 在"图层"面板上单击"创建新图层"按钮 新建"图层 5"，设置前景色的颜色值为 RGB(255,255,255)，按 Alt+Backspace 组合键将前景色填充到选区，在"图层"面板上设置"不透明度"为 35%，如图 8-14 和图 8-15 所示。

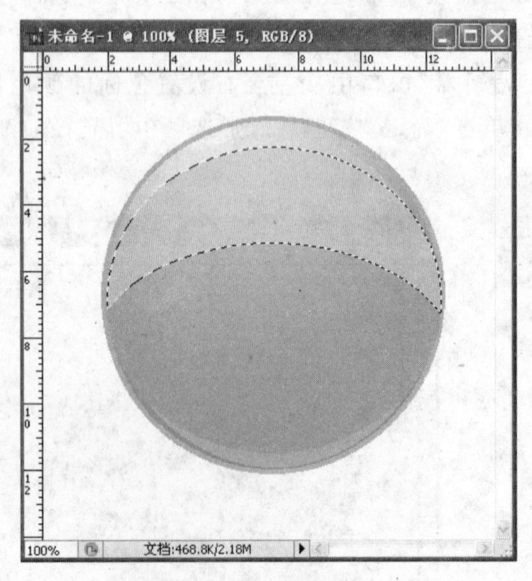

图 8-14　填充设置后的效果图

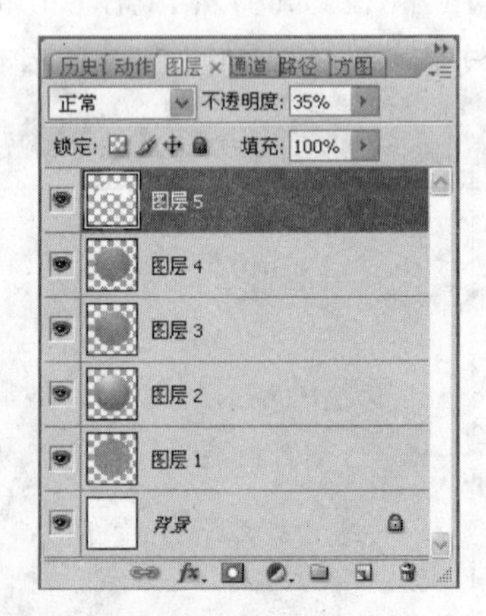

图 8-15　"图层"面板

(9) 在"图层"面板上单击"创建新图层"按钮 新建"图层 6"，在工具箱中选择"椭圆选框"工具，在画布中绘制一个椭圆选区，设置前景色的颜色值为 RGB(170,110,10)，按 Alt+Backspace 组合键将前景色填充到选区。按 Ctrl+D 组合键取消选区，选择"编辑”→“变换/旋转”命令给眼睛一个角度，调整好后按 Enter 键结束。复制该图层形成另一只眼睛，调整两个眼睛的位置，如图 8-16 所示。

(10) 在工具箱中选择“钢笔工具”按钮，在画布上绘制路径，使用“转换点工具”调整曲线画出嘴形，如图 8-17 所示，按 Ctrl+Enter 组合键将路径转换为选区，如图 8-18 所示。在“图层”面板上单击“创建新图层”按钮新建“图层 7”，在工具箱中选择“渐变工具”按钮，单击“选项栏”上的“渐变预览条”，在弹出的“渐变编辑器”窗口中从左至右设置色标的颜色值为 RGB(250,245,230)、RGB(245,218,160)和 RGB(248,172,0)，单击“确定”按钮，在选区中填充径向渐变。其效果如图 8-19 和图 8-20 所示。

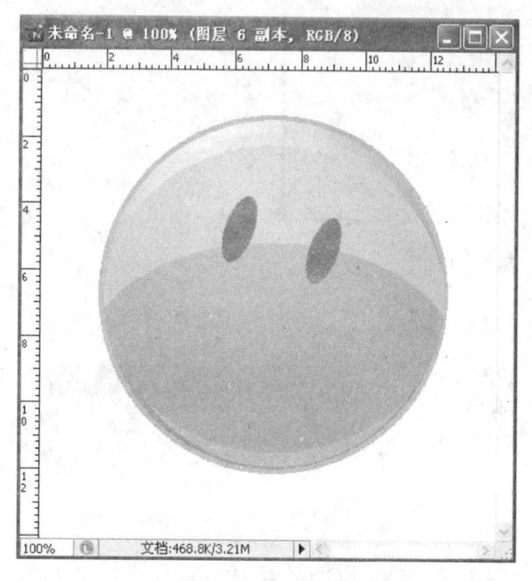

图 8-16　绘制眼睛后的效果

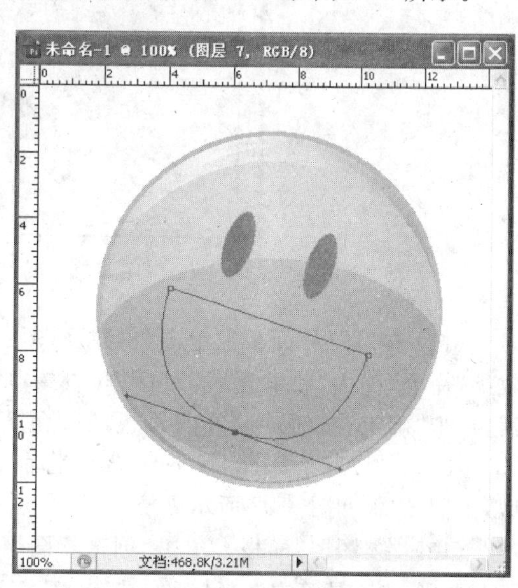

图 8-17　钢笔工具画嘴形

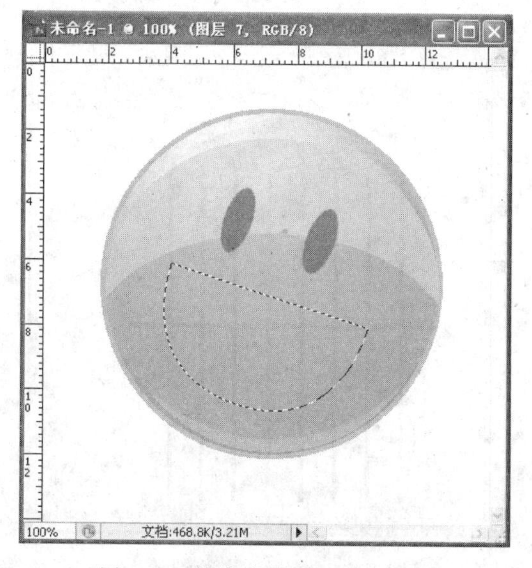

图 8-18　转化为选区后的效果图

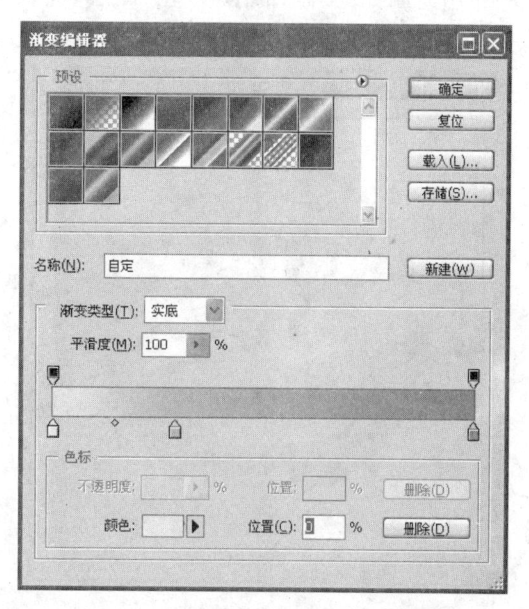

图 8-19　“渐变编辑器”窗口的设置

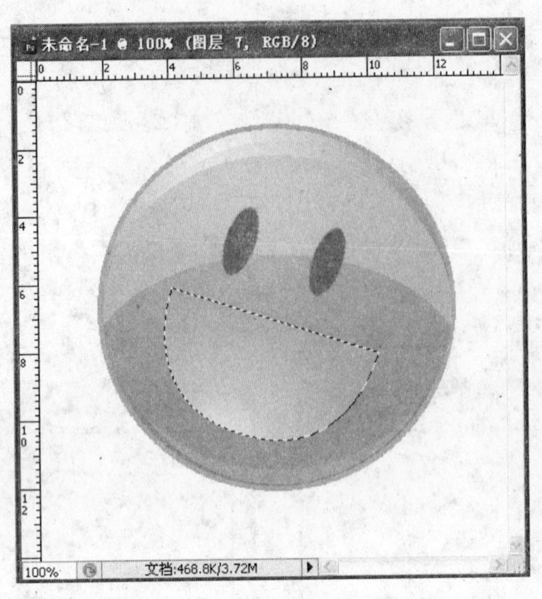

图 8-20　嘴巴填充后的效果

(11) 在"图层"面板上单击"创建新图层"按钮 新建"图层 8",选择"选择"→"修改/收缩"命令,弹出"收缩选区"对话框,设置"收缩量"为 4 像素,单击"确定"按钮。设置前景色的颜色值为 RGB(255,255,255),按 Alt＋Backspace 组合键将前景色填充到选区,如图 8-21 和图 8-22 所示。

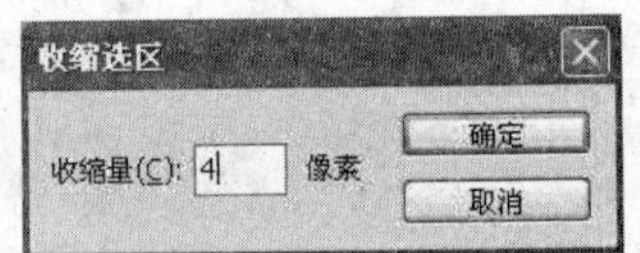

图 8-21　"收缩选区"对话框

(12) 在"图层"面板上单击"创建新图层"按钮 新建"图层 9",在工具箱中选择"矩形选框"工具,设置前景色的颜色值为 RGB(0,0,0),在画布中绘制如下所示的图形,在"图层"面板上设置"不透明度"值为 15%,并调整图形角度,如图 8-23 和图 8-24 所示。

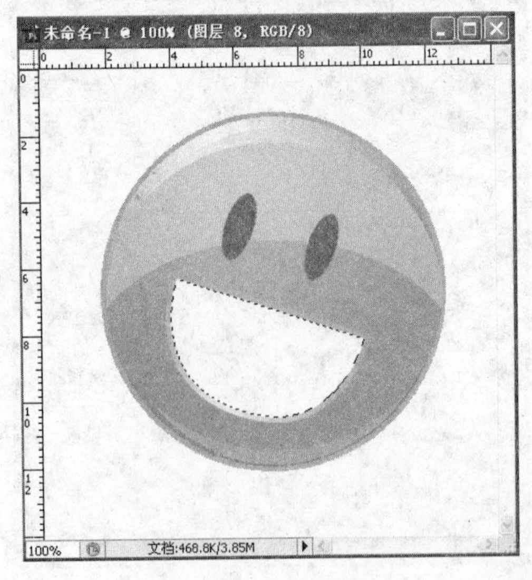

图 8-22　嘴的效果图

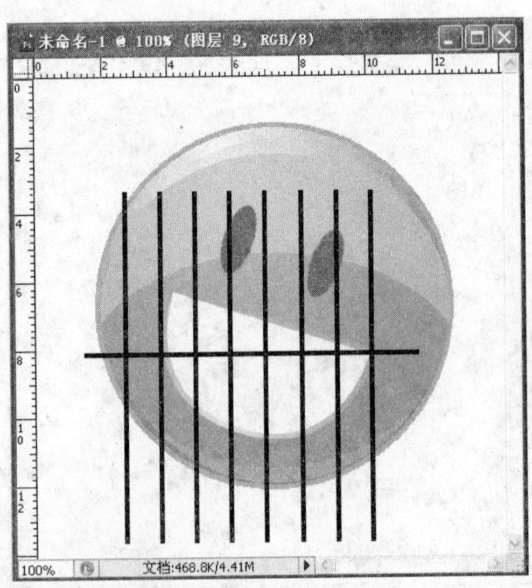

图 8-23　矩形选区绘制牙齿

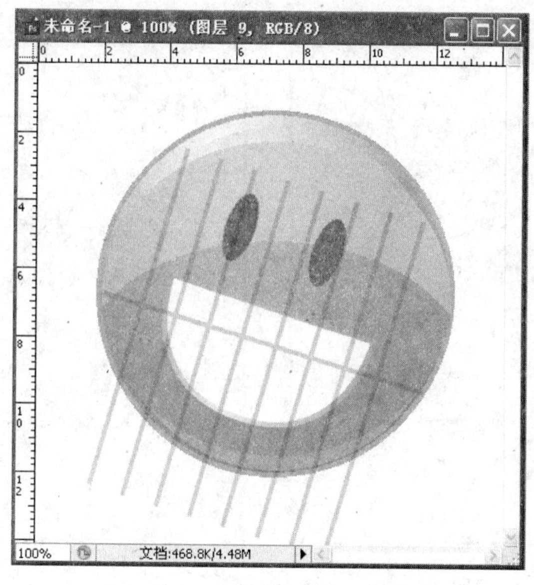

图 8-24　对牙齿线条的设置

(13) 在“图层”面板上右击“图层 9”,在弹出的快捷菜单中选择“创建剪贴蒙版”命令,图像效果如图 8-25 和图 8-26 所示。

图 8-25　牙齿的效果图

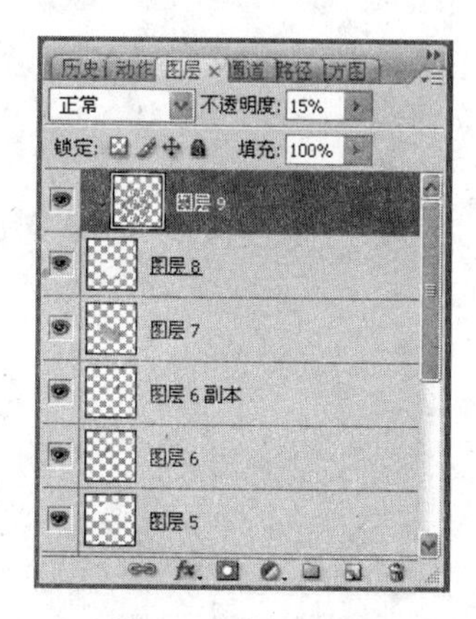

图 8-26　图层面板

(14) 在“图层”面板上单击“创建新图层”按钮 新建“图层 10”,在工具箱中选择“椭圆选框”工具,在画布中绘制一个正圆选区。选择“选择”→“修改/羽化”命令,在弹出的“羽化选区”对话框中设置“羽化半径”值为 20 像素,单击“确定”按钮。设置前景色的颜色值为 RGB(255,255,255),按 Alt+Backspace 组合键将前景色填充到选区。图像效果如图 8-27 和图 8-28 所示。

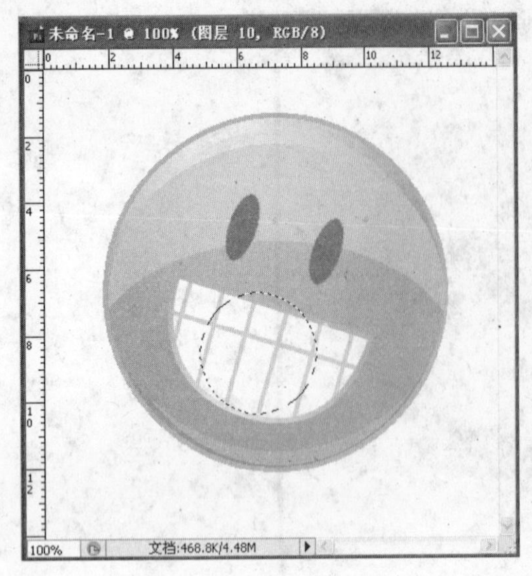

图 8-27　牙齿的效果图

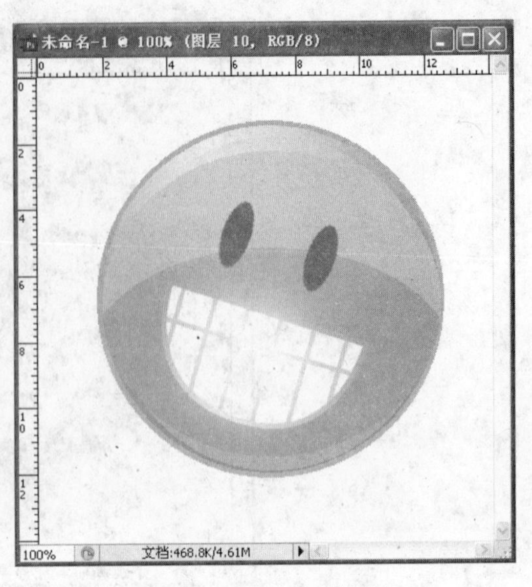

图 8-28　牙齿的效果图

(15) 在“图层”面板上右击“图层 10”,在弹出的快捷菜单中选择“创建剪贴蒙版”命令。图像效果如图 8-29 和图 8-30 所示。

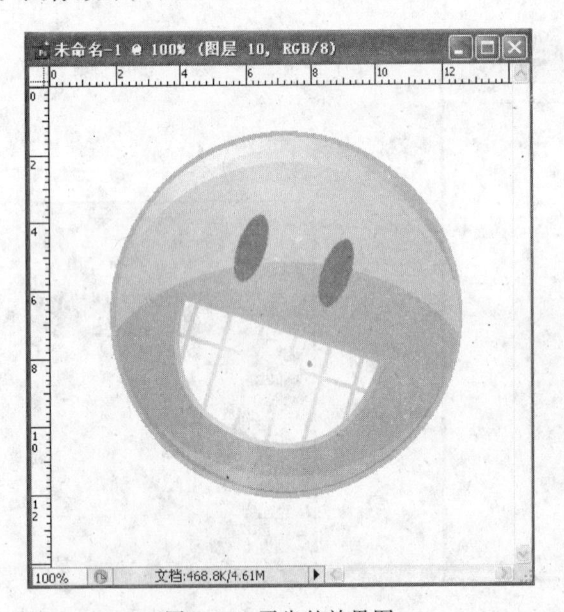

图 8-29　牙齿的效果图

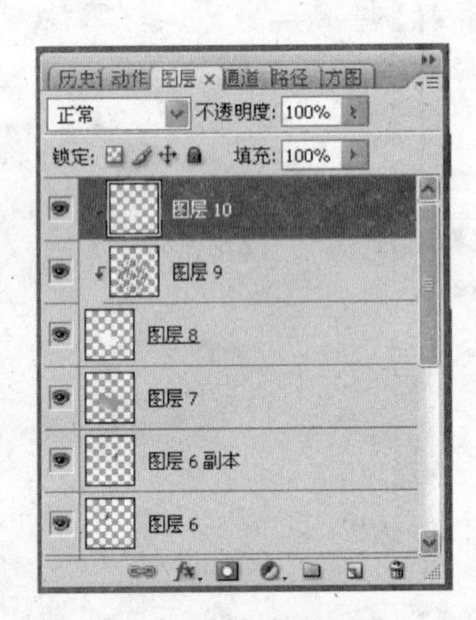

图 8-30　“图层”面板

(16) 选择“文件”→“存储”命令,将该文件保存。最终效果如图 8-31 所示。

本案例主要练习选区的操作,常用的矩形选区、椭圆形选区如何建立,以及对选区的填充方法。在介绍各种选取工具的基本操作方法的同时,介绍如何对选取范围进行旋转、缩放等操作。

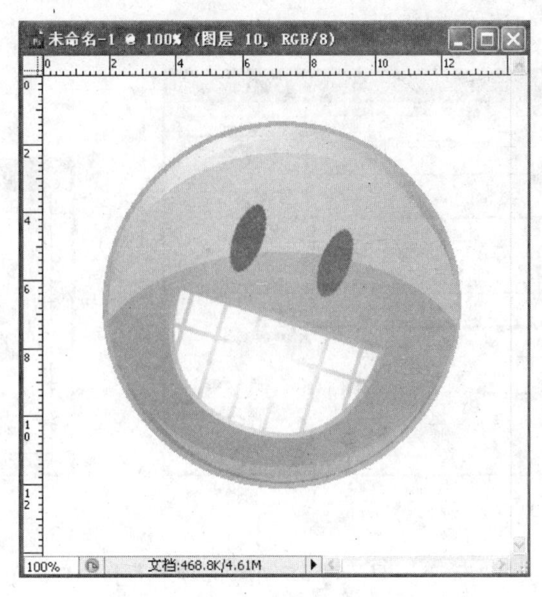

图 8-31　卡通笑脸最终效果图

案例 8-2

绘制魔幻星星。

本案例通过绘制魔幻星星，对现有的素材加以修饰，使生硬的卡通形象变得生动。掌握画笔工具以及“画笔面板”参数的设置对今后更好地学习 Photoshop 奠定坚实的基础。添加魔幻星星的最终效果图如图 8-32 所示。

图 8-32　魔幻星星最终效果图

具体的操作步骤如下：

(1) 选择“文件”→“新建”命令，在弹出的“新建”对话框中设置画布的宽度为 200 像素，高度为 200 像素，分辨率为 72 像素/英寸，单击“确定”按钮，如图 8-33 所示。

(2) 在“图层”面板上单击“创建新图层”按钮 新建“图层 1”，在工具箱中选择“矩形选框”工具[⬚],在图层 1 中绘制矩形选区,如图 8-34 所示。

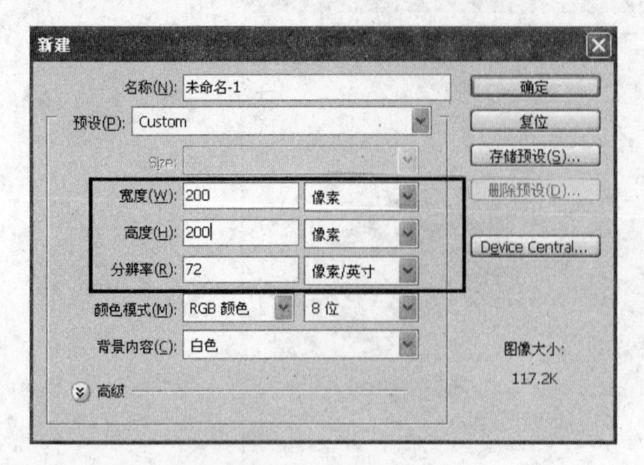

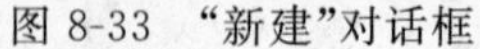
图 8-33 “新建”对话框

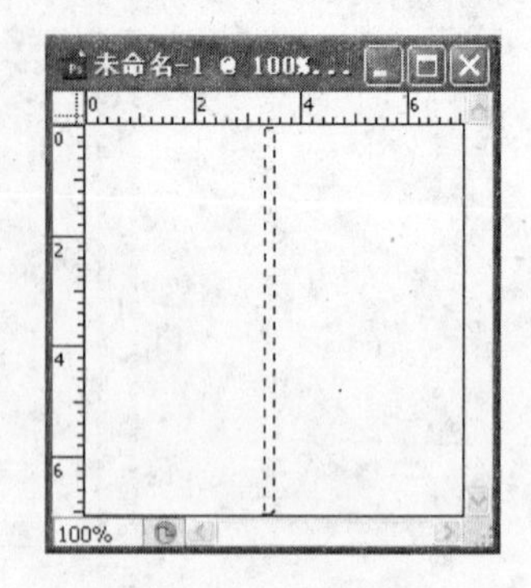

图 8-34 矩形选区

(3) 在工具箱上选择“渐变工具”,单击“选项栏”上的“渐变预览条”,在弹出的“渐变编辑器”窗口中将渐变设置为“透明到黑色再到透明”的线性渐变,单击“确定”按钮,在矩形选区中拖动光标填充渐变颜色,如图 8-35 所示。

(4) 以同样的方式创建横向的渐变效果,如图 8-36 所示。

(5) 单击工具箱中的“移动工具”按钮,按下 Alt 键的同时拖动图像可以进行复制。选择“编辑”→“自由变换”命令,调整大小、位置,如图 8-37 所示。

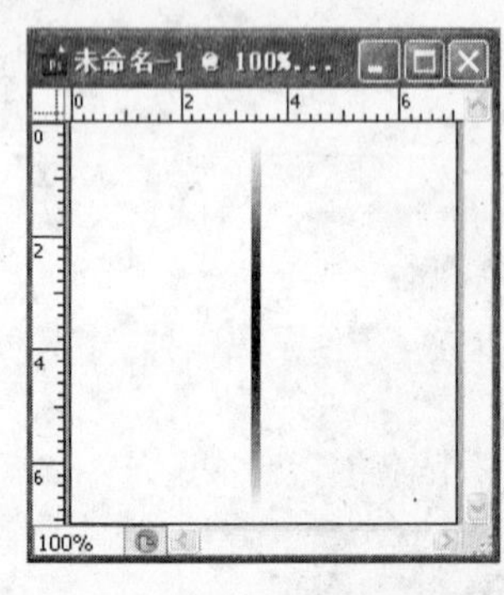

图 8-35 渐变填充后的效果

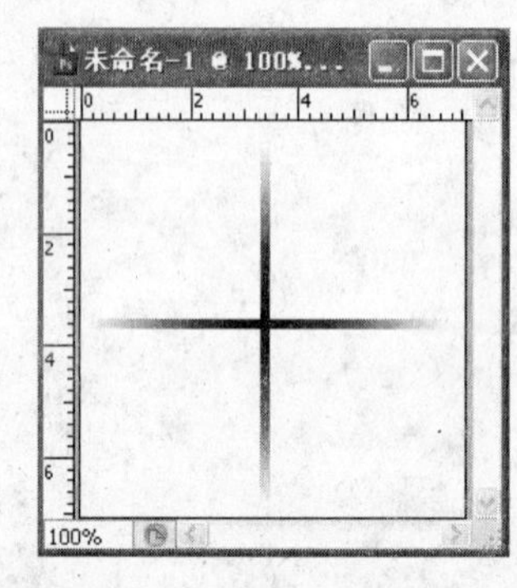

图 8-36 复制后的效果

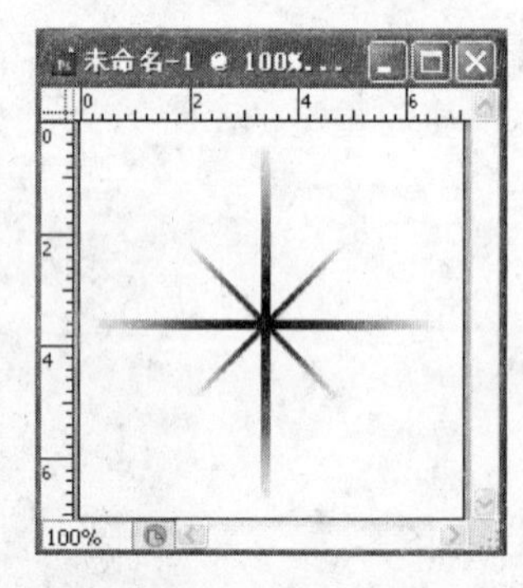

图 8-37 复制后的效果

(6) 在“图层”面板上单击“创建新图层”按钮新建“图层 2”,拖动“图层 2”到“图层 1”下方。在工具箱中选择“椭圆选框”工具,在画布中绘制一个圆形选区,在工具箱上选择“渐变工具”,单击“选项栏”上的“渐变预览条”,在弹出的“渐变编辑器”窗口中将渐变设置为“黑色到透明”的径向渐变,单击“确定”按钮,在圆形选区中拖动光标填充渐变颜色,如图 8-38 和图 8-39 所示。

(7) 选择“图层”→“向下合并”命令,将这几层合并为一层。选择“选择”→“全部”命令,然后选择“编辑”→“定义画笔预设”命令,将图像定义为图案,并在“画笔名称”对话框中命名“名称”为“星星”,如图 8-40 和图 8-41 所示。

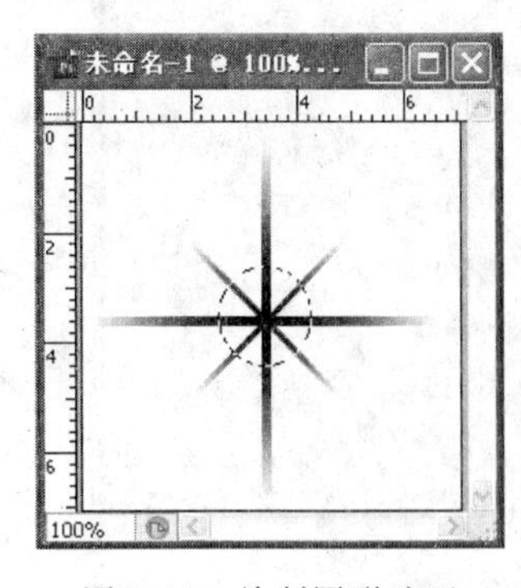

图 8-38　绘制圆形选区

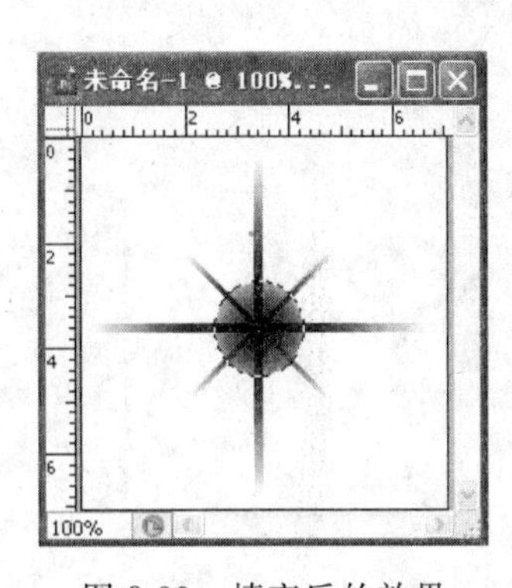

图 8-39　填充后的效果

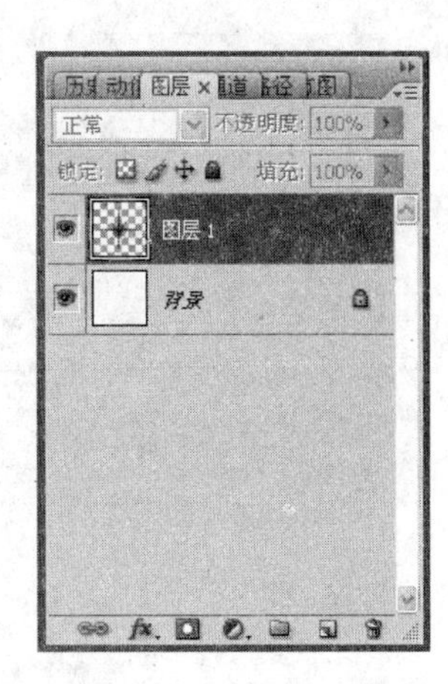

图 8-40　“图层”面板

图 8-41　“画笔名称”对话框

(8) 打开图 8-42 所示原始素材图片,在工具箱上选择“画笔工具”按钮,在“画笔面板”中的“画笔预设”选项中选择画笔形状为“星星”,如图 8-43 所示。

图 8-42　原始素材图片

(9) 选中“形状动态”复选框,设置其各项数值如图 8-44 所示。

(10) 选中“散布”和“颜色动态”复选框,设置其参数如图 8-45 和图 8-46 所示。

(11) 在“图层”面板上单击“创建新图层”按钮 新建一个图层,使用“画笔工具”在画布中绘制如下所示的图像,使用“橡皮擦工具”将图像中部分擦除,形成环绕的立体效果,如图 8-47 和图 8-48 所示。

(12) 选择“文件”→“存储”命令,将文件保存,完成图像的制作。

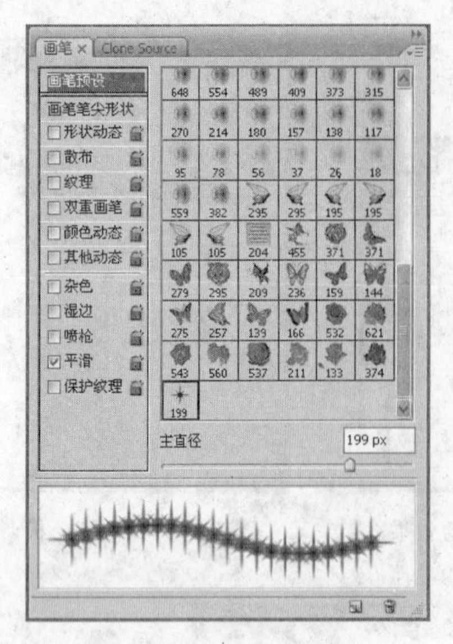

图 8-43　在“画笔面板”中选中星星

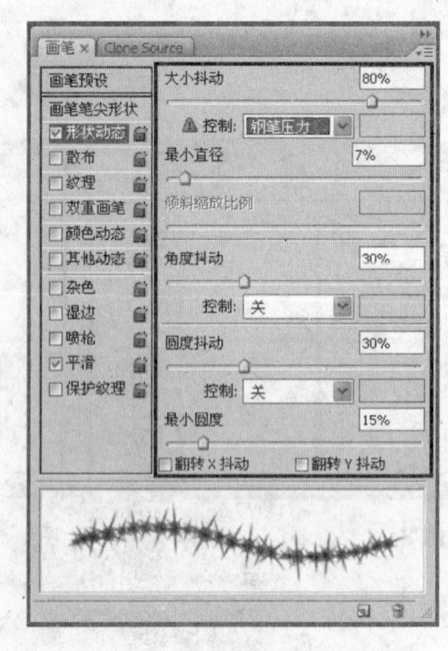

图 8-44　“形状动态”的参数设置

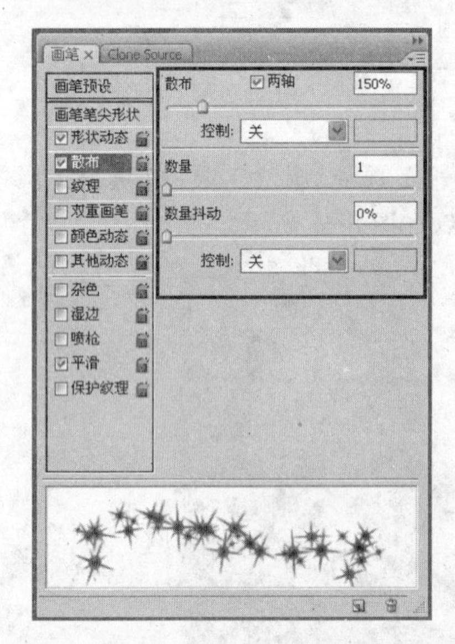

图 8-45　“散布”的参数设置

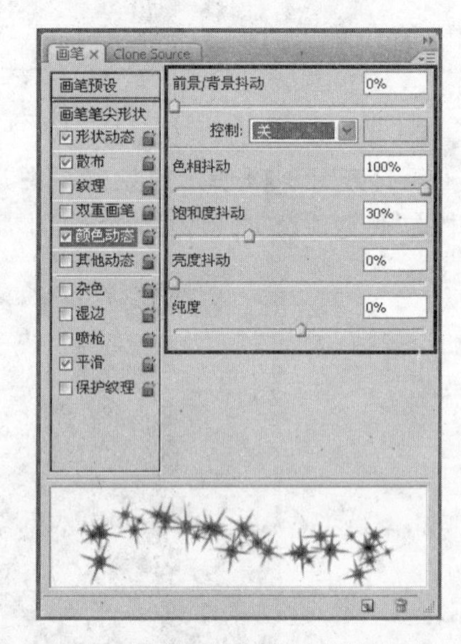

图 8-46　“颜色动态”的参数设置

图 8-47　绘制魔幻星星

图 8-48　擦除部分后的立体环绕

本案例主要练习画笔操作，熟悉掌握各种参数设置。通过本案例，可以掌握画笔工具的基本使用方法和操作技巧，在此基础上灵活地使用，可以用画笔工具绘制漂亮的水墨山水画等。

案例 8-3

制作宣传广告。

本案例是制作一幅宣传广告，宣传广告一般要求色彩搭配合理，样式独特，能够吸引观众的视线，给人赏心悦目的美好感觉。通过对宣传广告的制作，使学生熟悉图层的使用和图层样式的设置，案例的最终效果图如图 8-49 所示。

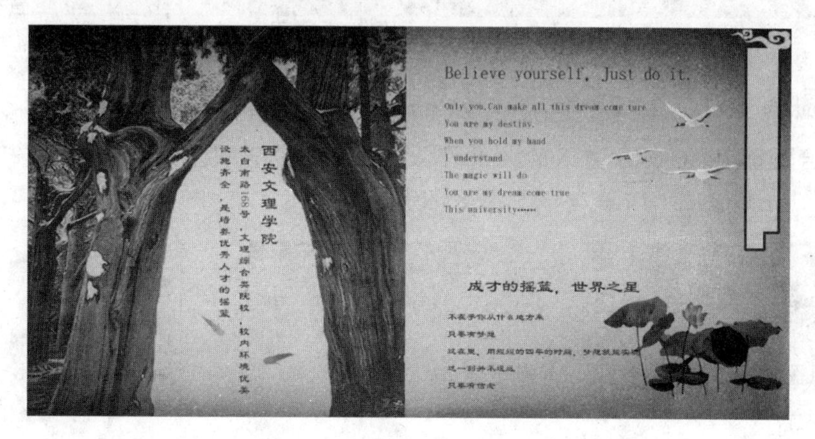

图 8-49　宣传广告最终效果图

具体的操作步骤如下：

(1) 选择“文件”→“新建”命令，在弹出的“新建”对话框中设置画布的宽度为 800 像素，高度为 400 像素，分辨率为 72 像素/英寸，单击“确定”按钮，如图 8-50 所示。

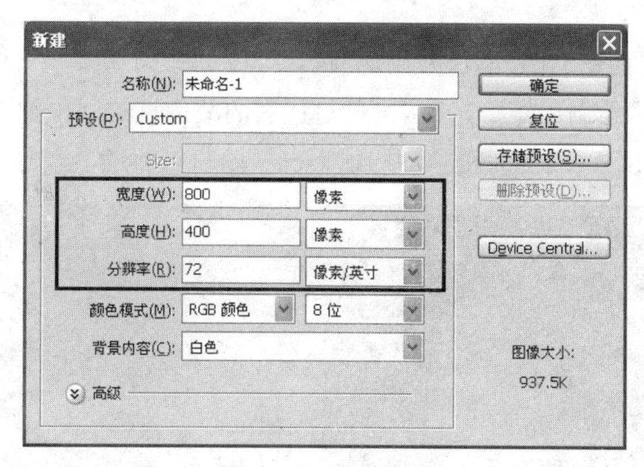

图 8-50　“新建”对话框

(2) 设置“前景色”的颜色值为 RGB(214,189,121)，按 Alt+Backspace 组合键填充前景色。选择“文件”→“置入”命令，将背景文件置入到画布中，调整大小后按 Ctrl+Enter 组合键确定。将刚刚置入的图层栅格化，并将该层重命名为“背景 1”，操作如

图 8-51 和图 8-52 所示。

图 8-51　置入背景

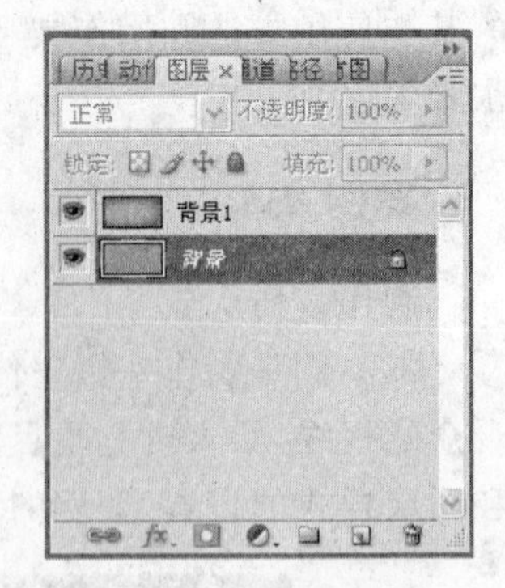

图 8-52　“图层”面板

(3) 选择“文件”→“置入”命令，将大树文件置入到画布中，调整大小后按 Ctrl+Enter 组合键确定。将刚刚置入的大树图层栅格化，并将该层重命名为“背景 2”，设置“混合模式”为“正片叠底”，如图 8-53 和图 8-54 所示。

图 8-53　置入大树

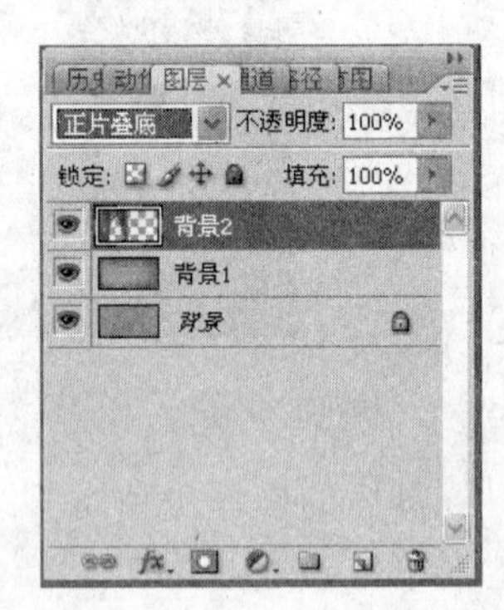

图 8-54　“图层”面板

(4) 单击“图层”面板上的“创建新图层”按钮 新建“图层 1”，在工具箱中选择“矩形选框”工具，在画布中绘制出矩形选区，通过对选区的减运算绘制出图 8-55 所示的效果。设置前景色为 RGB(215,200,130)，按 Alt+Backspace 组合键将前景色填充到矩形选区。

图 8-55　绘制矩形选区

(5) 选择“编辑”→“描边”命令，在弹出的“描边”对话框中设置“宽度”为 3px，“位置”为“居外”，颜色值为 RGB(66,34,30)，单击“确定”按钮，如图 8-56 所示。

图 8-56　矩形选区描边

(6) 选择“文件”→“置入”命令，将纹理文件置入到画布中，调整大小后按 Ctrl+Enter 组合键确定。将刚刚置入的纹理图层栅格化，并将该层重命名为“背景 2”，设置“混合模式”为“正片叠底”，如图 8-57 和图 8-58 所示。

图 8-57　置入底纹

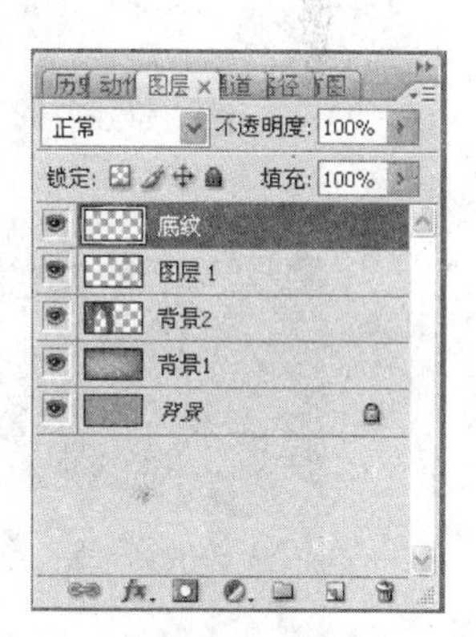

图 8-58　“图层”面板

(7) 单击工具箱中的“直排文字工具”按钮 T，在画布中输入文本，如图 8-59 所示。

图 8-59　输入直排文字

(8) 选择“文件”→“置入”命令，将金鱼文件置入到画布中，调整大小后按 Ctrl+Enter 组合键确定。将刚刚置入的金鱼图层栅格化，并将该层重命名为“鱼”，如图 8-60 所示。

图 8-60　置入金鱼

(9) 单击工具箱中的“横排文本工具”按钮 T，在画布中的右侧输入文本，如图 8-61 所示。

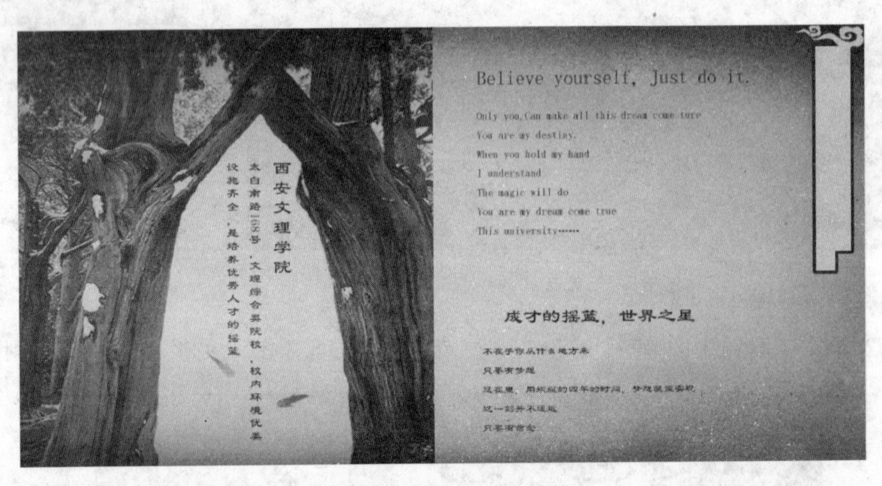

图 8-61　输入横排文字

(10) 选择“文件”→“置入”命令，将仙鹤和荷花的文件置入到画布中，调整位置和大小后按 Ctrl+Enter 组合键确定。将刚刚置入的两个图层栅格化，并分别命名为“鹤”和“荷花”，将“荷花”层的“混合模式”设置为“线性加深”，如图 8-62 所示。

(11) 选择“文件”→“存储”命令，将该文件保存。

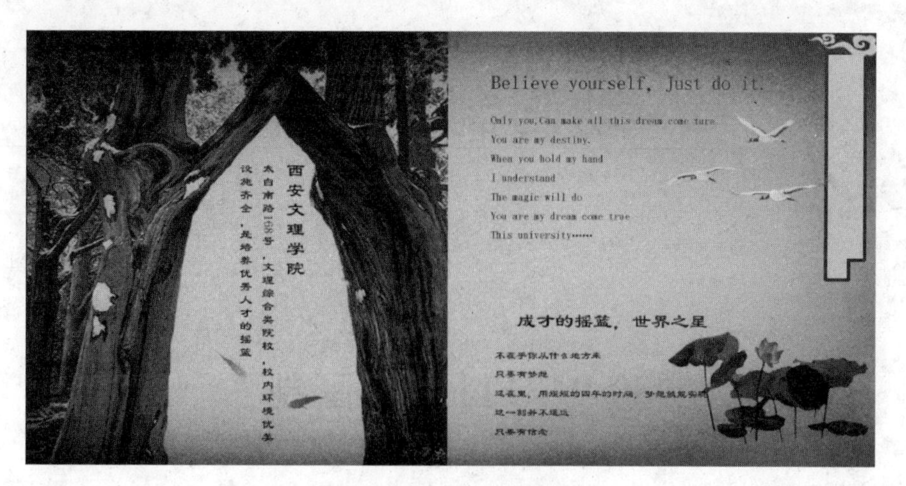

图 8-62　置入仙鹤和荷花

第9章 动画制作软件 Flash

实验9 Flash 动画制作

实验目的

（1）掌握 Flash 的基本绘图技术，掌握元件的应用。

（2）掌握及熟悉逐帧动画和运动补间动画的制作方法。

（3）掌握遮罩动画和运动引导线动画技术的运用。

操作指导

案例 9-1

设计和制作折扇动画。

本案例主要运用 Flash 基本绘图技术、图形元件、图层、逐帧动画结合运动补间动画技术，设计和制作一个慢慢展开并逐渐显示一幅花朵图案的折扇动画效果，如图 9-1 所示。

图 9-1 折扇动画效果

具体的操作步骤如下：

(1) 新建一个 Flash 文件(ActionScript 2.0)类型的 Flash 文档，执行“修改”→“文档”命令，打开“文档属性”对话框。修改宽为 550 像素，高为 300 像素，帧频为 24fps，背景颜色为值是#999900 的绿色，单击“确定”按钮，如图 9-2 所示。

(2) 执行“插入”→“新建元件”命令，弹出“创建新元件”对话框，新建一个图形类型的元件，命名为“扇面”，如图 9-3 所示。单击“确定”按钮后，进入“扇面”元件的编辑界面。

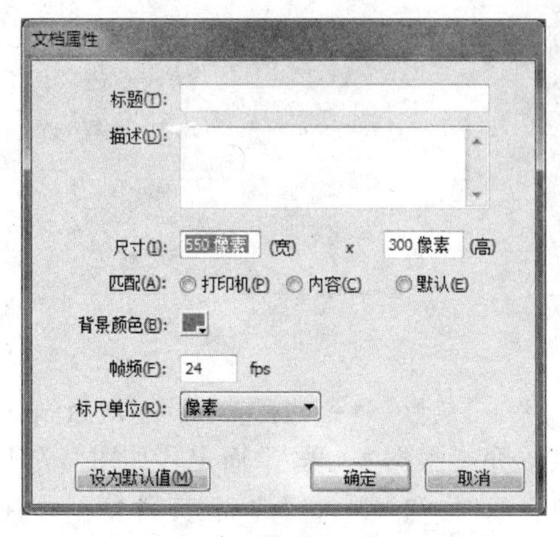

图 9-2 “文档属性”对话框

图 9-3 新建图形元件

(3) 单击工具箱中的“矩形工具”按钮，在属性面板中设置笔触颜色为#FF6600，笔触高度为 1 像素，填充颜色为 FFFFCC，在“扇面”元件的编辑界面中绘制一个矩形，如图 9-4 所示。

(4) 单击工具箱中的“选择工具”按钮，在绘制的矩形图形 4 个边角拖动鼠标，编辑矩形图形为不规则梯形形状，如图 9-5 所示。

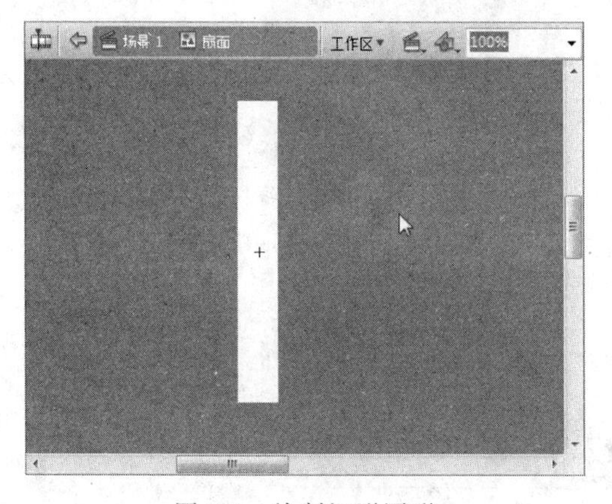

图 9-4 绘制矩形图形

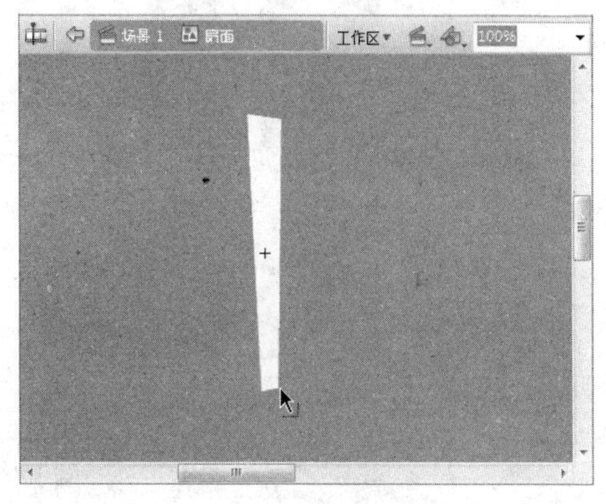

图 9-5 编辑矩形图形

(5) 执行“插入”→“新建元件”命令，新建一个图形类型的元件，命名为“折扇”，进入此元件的编辑界面。执行“窗口”→“库”命令，打开库面板，将“扇面”元件拖动进“折扇”元件的编辑区内。选择工具箱中的“任意变形工具”，单击编辑区中的“扇面”元件，移动元件的旋转中心("圆圈"标志)及元件,将旋转中心和元件中心("加号"标志)对齐并放置于元件的底部,如图 9-6 所示。

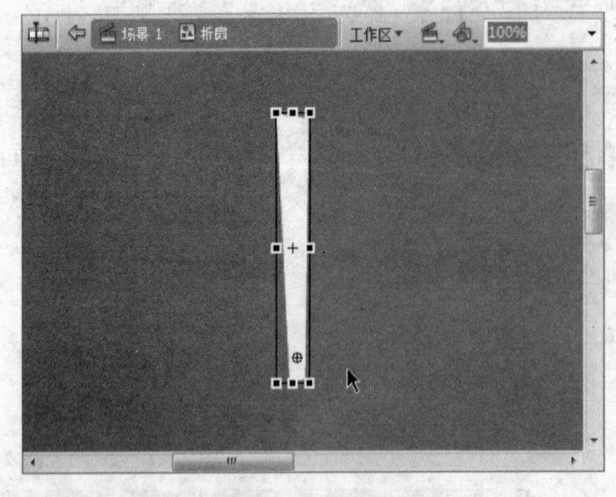

图 9-6 变形元件

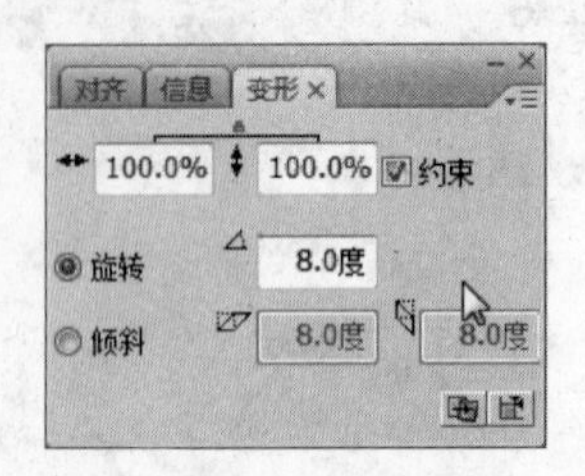

图 9-7 "变形"面板

(6) 选取编辑区中的"扇面"元件,执行"窗口"→"变形"命令,打开"变形"面板。在"变形"面板中单击"旋转"按钮并输入"8.0"度(旋转角度根据实际效果而定),如图 9-7 所示。连续单击"变形"面板右下角的"复制并应用变形"按钮,将"扇面"元件复制并旋转变形 20 份,做出"折扇"效果,如图 9-8 所示。将制作好"折扇"图形全选,单击工具箱中的"任意变形工具",将其旋转为水平方向后,移动位置使旋转中心和元件中心对齐,如图 9-9 所示。

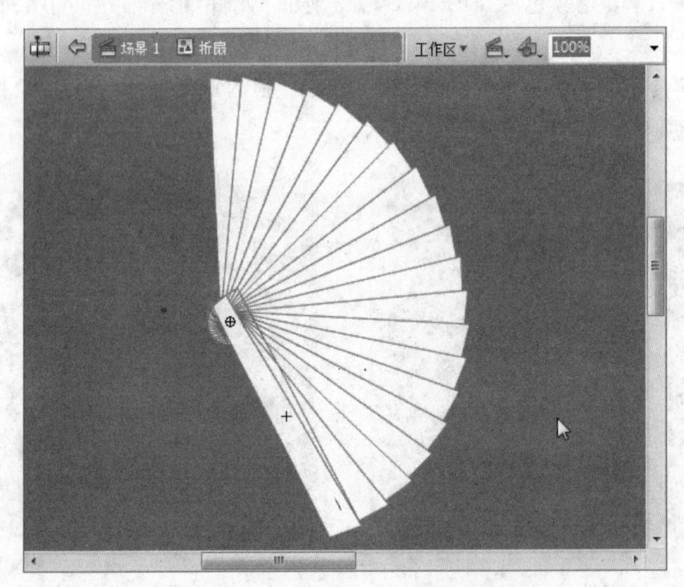

图 9-8 复制并旋转变形

(7) 将"折扇"元件的图层 1 改名为"展开",然后从第 3 帧开始直到第 39 帧,每隔一帧按下 F6 键创建关键帧(共 20 个关键帧),如图 9-10 所示。选择第一个关键帧,则默认

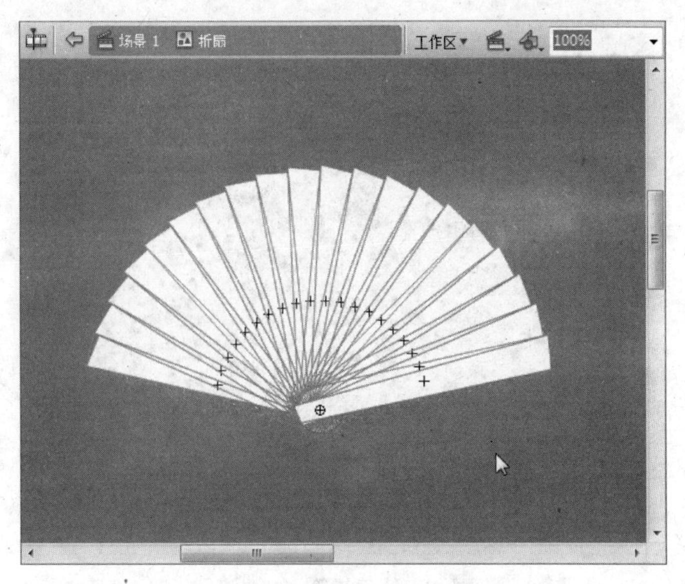

图 9-9　旋转及移动“折扇”图形

会选择全部的 20 个“扇面”元件，此时按下 Shift 键并且单击左数第一个“扇面”元件，就会取消选择状态。按下 Delete 键删除右边 19 个“扇面”元件，如图 9-11 所示。使用同样的方法，第 2 个关键帧中保留左边两个“扇面”元件，依此类推，直到第 20 个关键帧保留全部的“扇面”元件，这样从第 1 帧到第 39 帧就完成了折扇展开的逐帧动画效果。

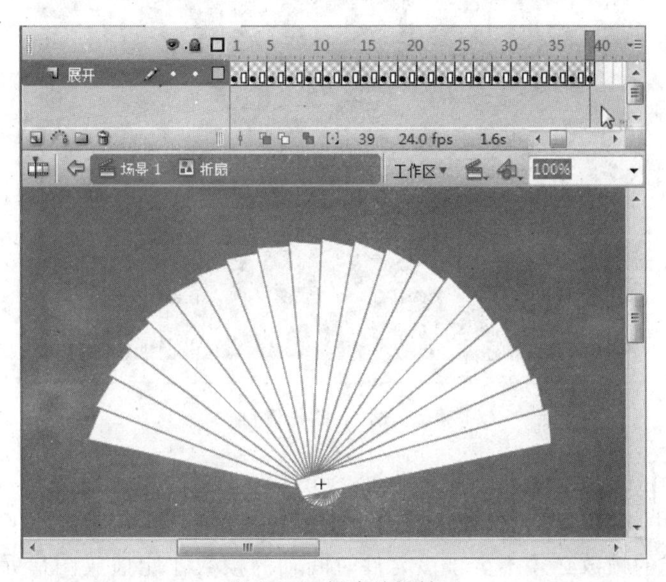

图 9-10　创建关键帧

(8) 在“折扇”元件的编辑界面中单击“插入图层”按钮，添加新图层并命名为“铆钉”。选择该图层第一帧，使用工具箱中的“椭圆工具”在“扇面”元件的旋转中心位置绘制一个黑色小圆图形，制作折扇铆钉效果，如图 9-12 所示。

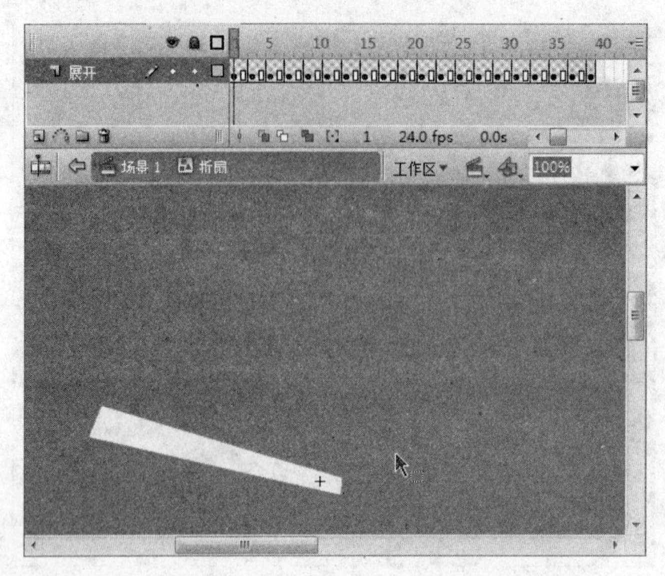

图 9-11　编辑第 1 帧内容

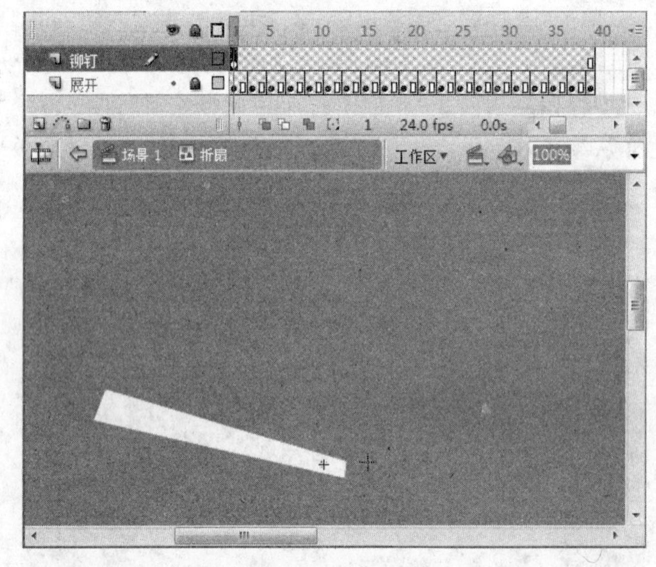

图 9-12　制作铆钉

(9) 单击“场景 1”回到场景编辑界面，将图层 1 改名为“折扇层”。选择此图层第 1 帧，在“库”面板中将“折扇”元件拖入舞台合适位置。由于“折扇”元件是图形元件，因此场景中它所在图层的帧数必须不少于该元件时间轴的帧数才能播放图形元件的动画效果。先在第 45 帧插入一个普通帧，效果如图 9-13 所示。此时测试影片，可以看到折扇平滑展开的动画效果，但是因为场景时间轴是 45 帧，“折扇”元件的时间轴是 39 帧，因此播放时会有重复。选择舞台中的“折扇”元件，打开“属性”面板，修改“循环”属性为“播放一次”即可，如图 9-14 所示。

(10) 分别在“折扇层”的第 50 帧和第 65 帧按下 F6 键插入关键帧，选择第 65 帧的折

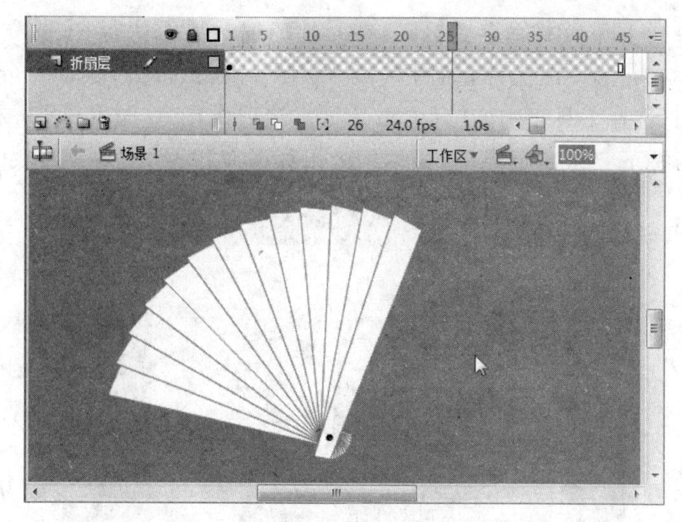

图 9-13　在场景中应用“折扇”元件

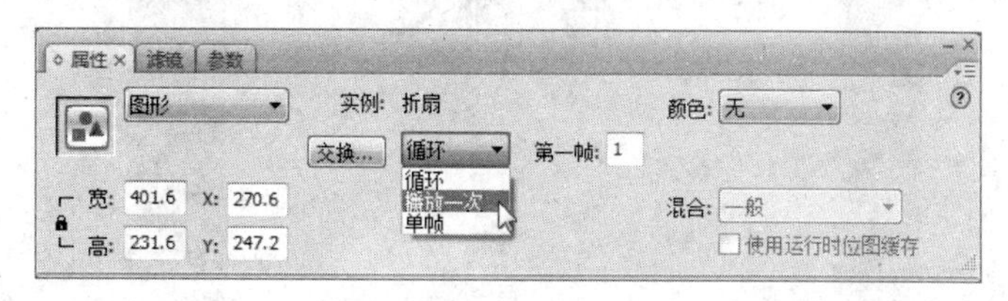

图 9-14　元件属性

扇元件，选择“任意变形工具”后按住 Shift 键将元件变大。在 50 帧到 65 帧之间任选一帧右击，从弹出的快捷菜单中选择“创建补间动画”命令，创建折扇由小变大的运动补间动画，如图 9-15 所示。

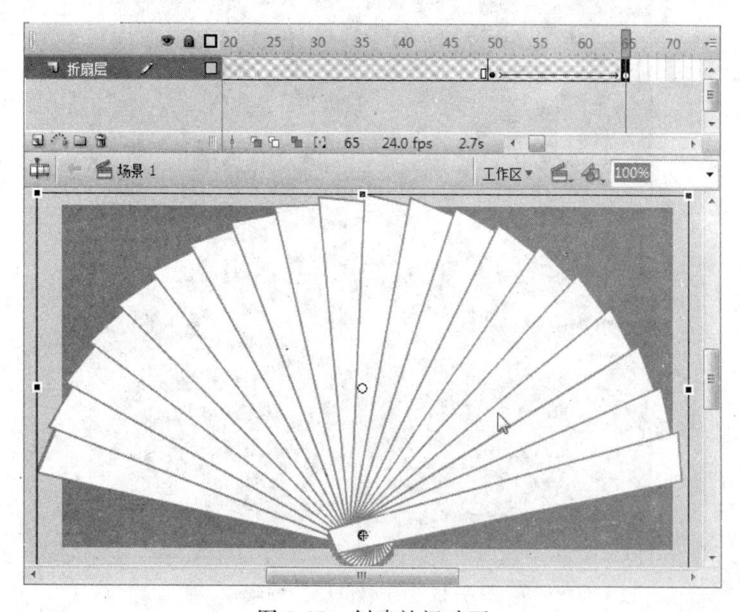

图 9-15　创建补间动画

(11) 新建一个图形元件命名为“花”，在元件的编辑界面执行“文件”→“导入”命令，导入准备好的一幅花朵位图文件，如图 9-16 所示。对它执行“修改”→“分离”命令，将位图分离为点阵图，选择工具箱中的“套索工具”，选项设置为“魔术棒”模式，将位图的白色背景选取后按下 Delete 键删除，最后的效果如图 9-17 所示。

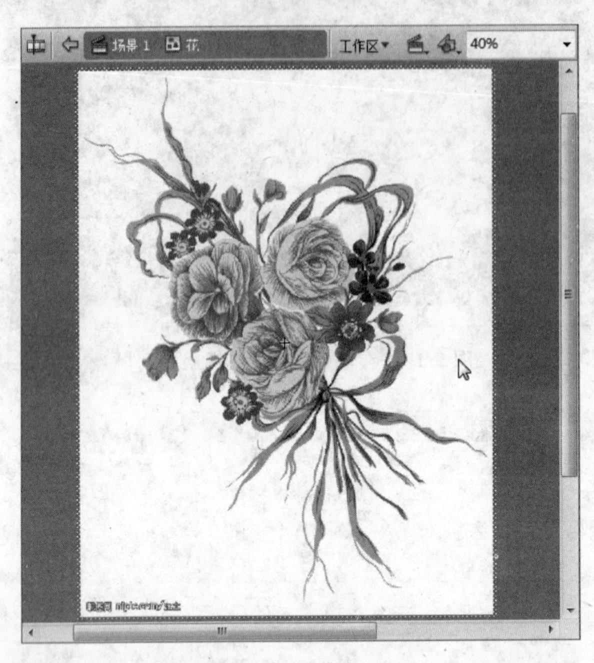

图 9-16　导入“花”位图

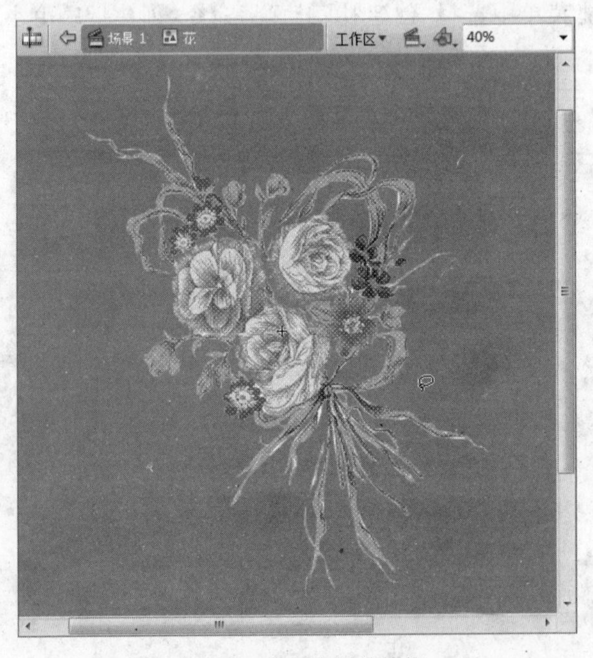

图 9-17　分离位图并编辑

(12) 单击“场景 1”回到场景编辑界面，新建一个图层命名为“花朵”，锁定“折扇层”图层。在“花朵”图层的 65 帧插入关键帧，打开“库”面板并将库中的“花朵”图形元件拖动至该帧的舞台中，单击工具箱中的“任意变形工具”并且按住 Shift 键将放入的元件实例调整到合适大小及位置，如图 9-18 所示。

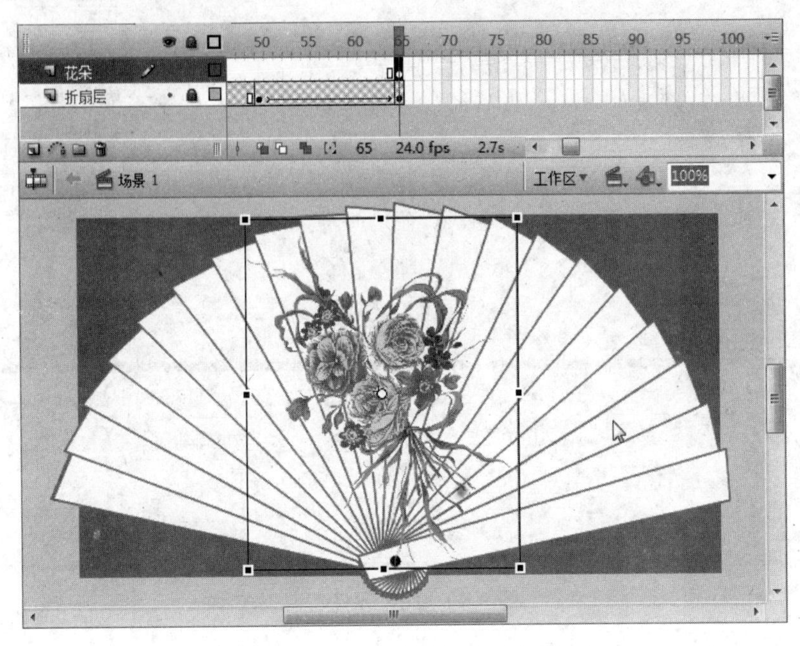

图 9-18 放入“花朵”元件实例

(13) 在“花朵”图层的 90 帧插入关键帧，同时为“折扇层”的 90 帧插入帧。选取 65 帧的“花朵”元件实例，单击工具箱中的“任意变形工具”并且按住 Shift 键将其缩小，然后打开“属性”面板，设置“颜色”属性为 Alpha，值为 20%。在 65 帧到 90 帧之间任选一帧右击，从弹出的快捷菜单中选择“创建补间动画”命令，创建花朵由小变大并且淡入的动画效果，如图 9-19 所示。

(14) 新建图层并命名为“文字-折”，在 95 帧处插入关键帧，其他图层 95 帧处插入帧。选择 95 帧后，单击工具箱中的“文字工具”T，在舞台中输入文字“折”，字体为“黑体”，颜色为“黑色”，大小合适即可，如图 9-20 所示。选取“折”文字，按下 F8 键，打开“转换为元件”对话框，将其转换为元件，如图 9-21 所示。

(15) 在“文字-折”图层的 105 帧处插入关键帧，其他图层插入帧，单击 95 帧的“文字-折”元件实例，使用“任意变形工具”将其放大后设置 Alpha 属性值为“0%”，为 95 帧至 105 帧创建动作补间动画，效果是文字“折”的淡入及由大变小动画效果，如图 9-22 所示。

(16) 新建图层并命名为“文字-扇”，在这个图层的 99 帧至 109 帧之间创建动作补间动画，效果是文字“扇”的淡入及由大变小动画效果，制作方法与(14)、(15)两步骤相同，不再赘述。最后效果如图 9-23 所示。

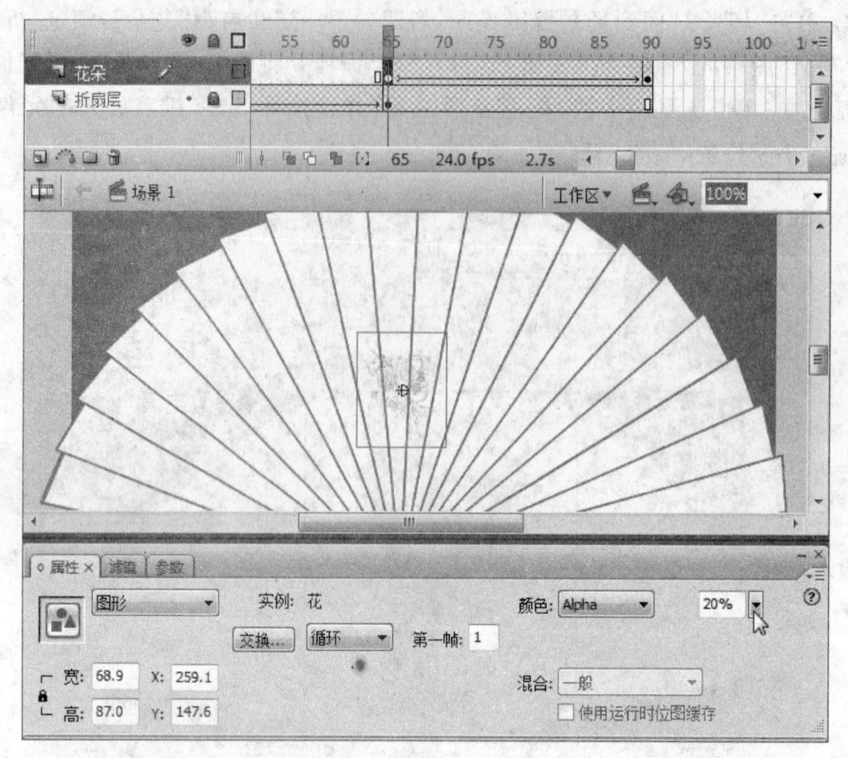

图 9-19　编辑元件实例

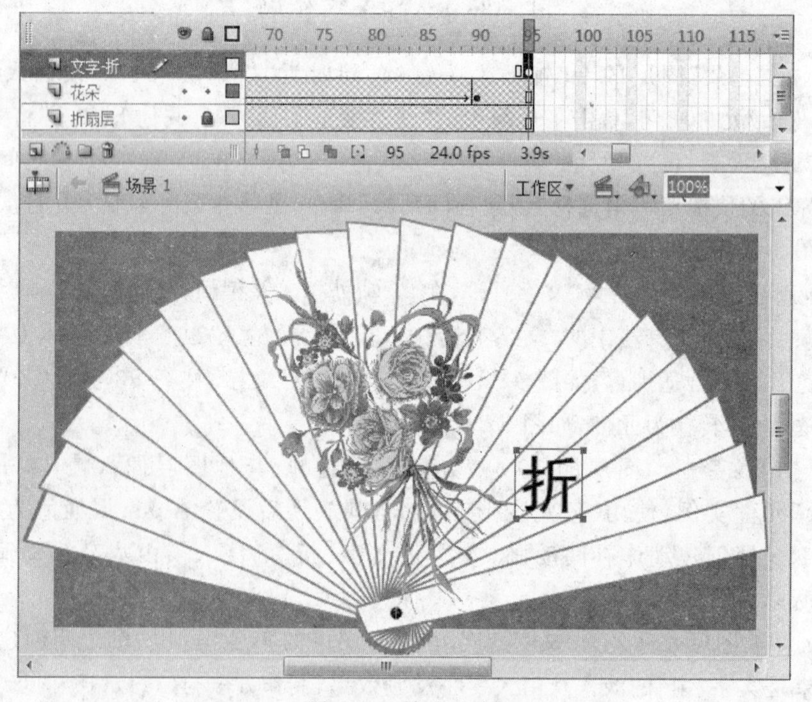

图 9-20　输入文字

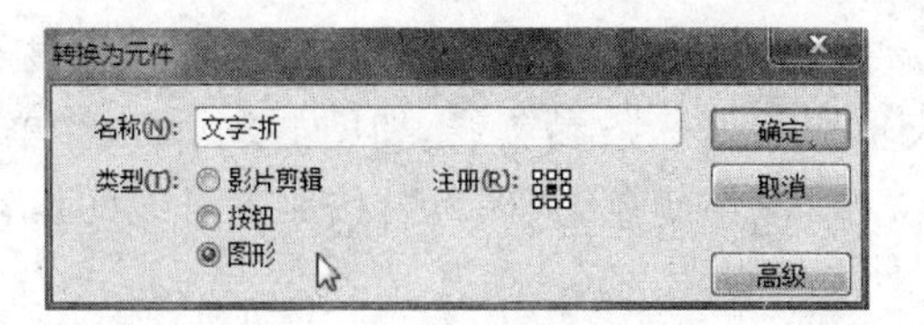

图 9-21 “转换为元件”对话框

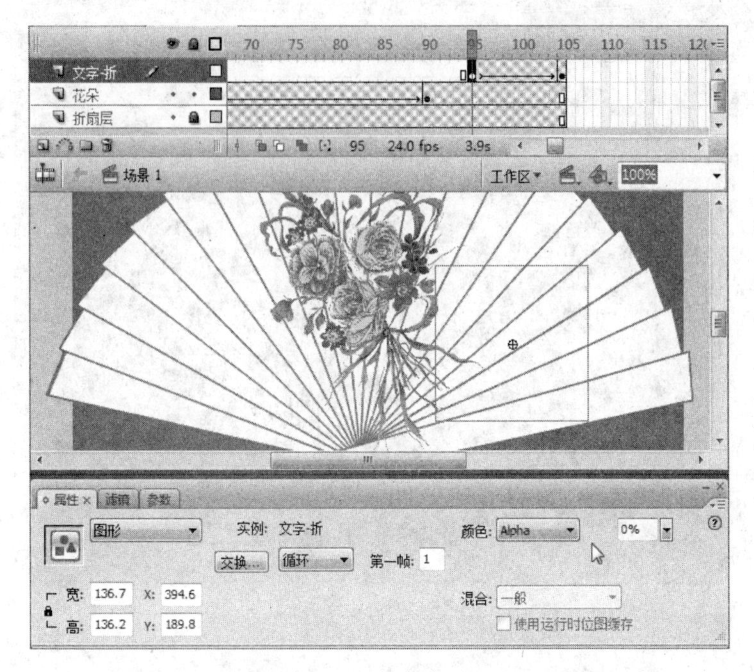

图 9-22 文字动画 1

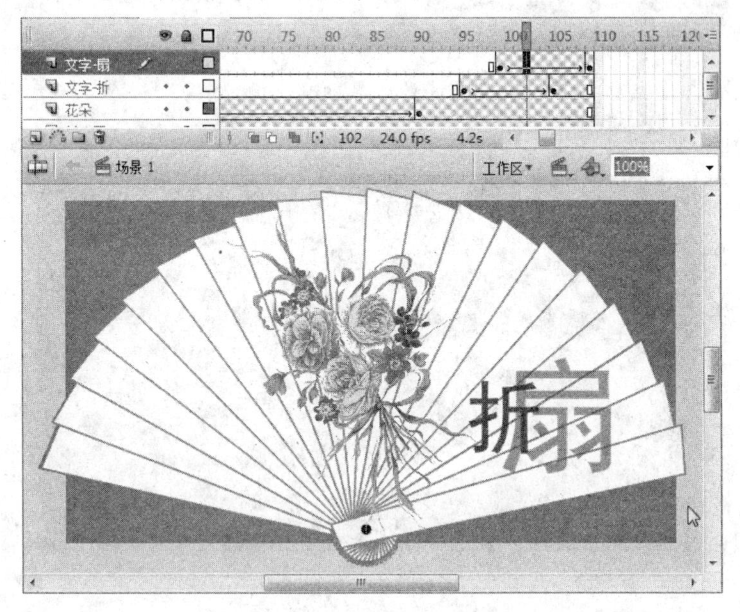

图 9-23 文字动画 2

(17) 新建图层并命名为“边框”，执行“视图”→“标尺”命令显示标尺栏。用鼠标分别在水平标尺和垂直标尺上拖动出 8 条参考线，如图 9-24 所示。单击工具箱中的“矩形工具”按钮，线条颜色为“无”，填充颜色为“黑色”，按照参考线的设置绘制出黑色的边框底色，如图 9-25 所示。

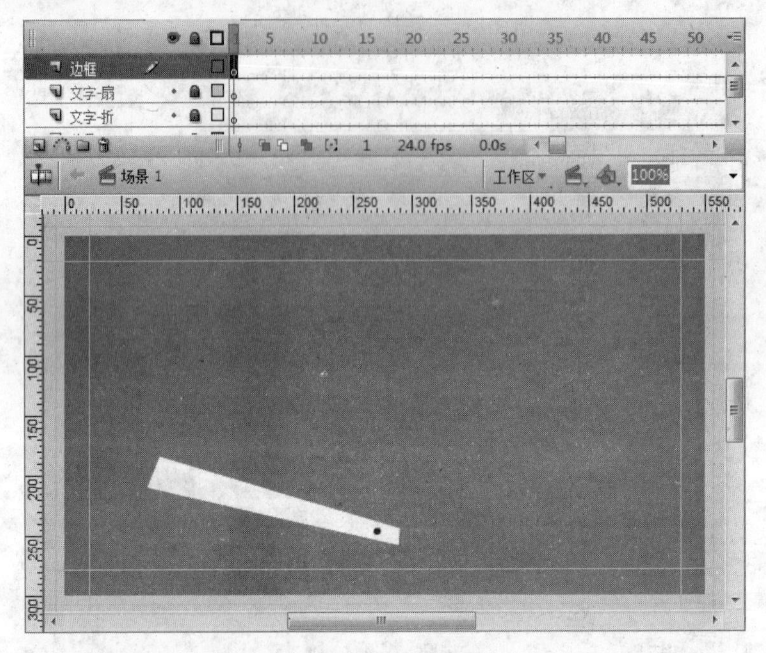

图 9-24　设置参考线

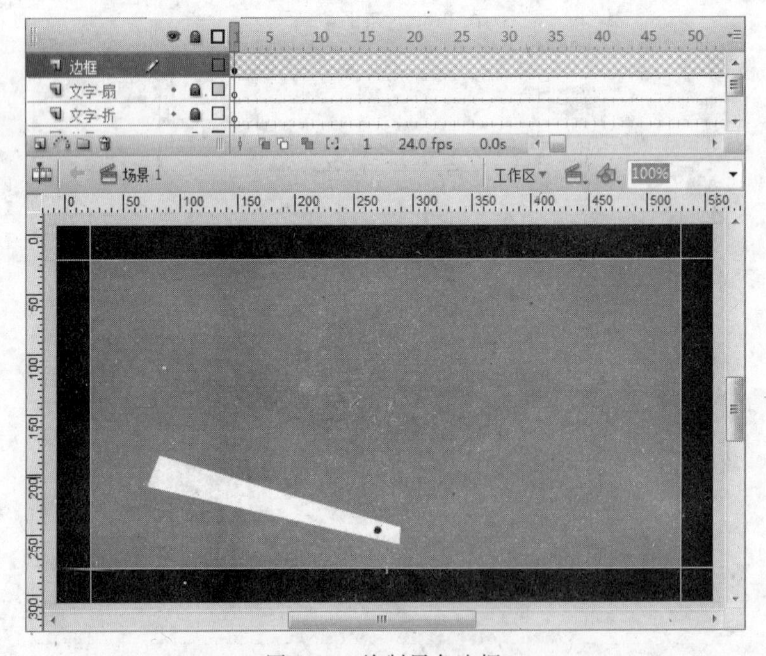

图 9-25　绘制黑色边框

(18) 新建一个图形元件并命名为“花边”，使用“线条工具”和“椭圆工具”，颜色值为“FF6600”，绘制图 9-26 所示的图形。单击“场景 1”回到场景界面，新建图层并命名为“花边”，将其他图层都锁定后选择“花边”层第一帧，从“库”面板中将“花边”元件拖动至舞台中并调整合适大小。复制该元件实例并拼接制作上边框的花边。左、右及下边框的花边制作也是复制、拼接及旋转变形而成，最后效果如图 9-27 所示。

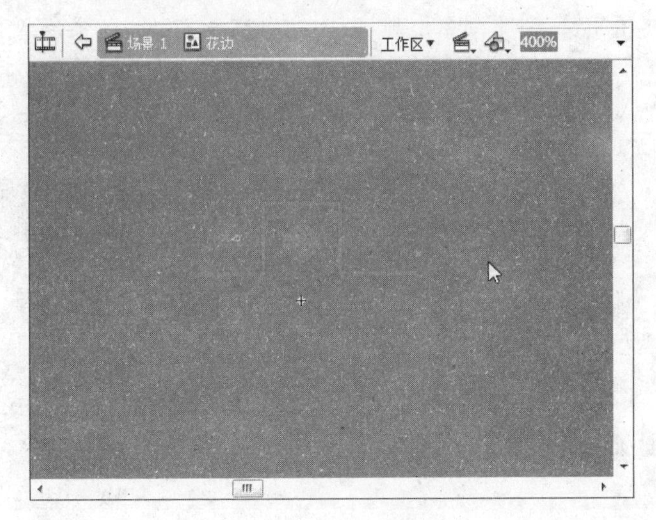

图 9-26 绘制花边图形元件

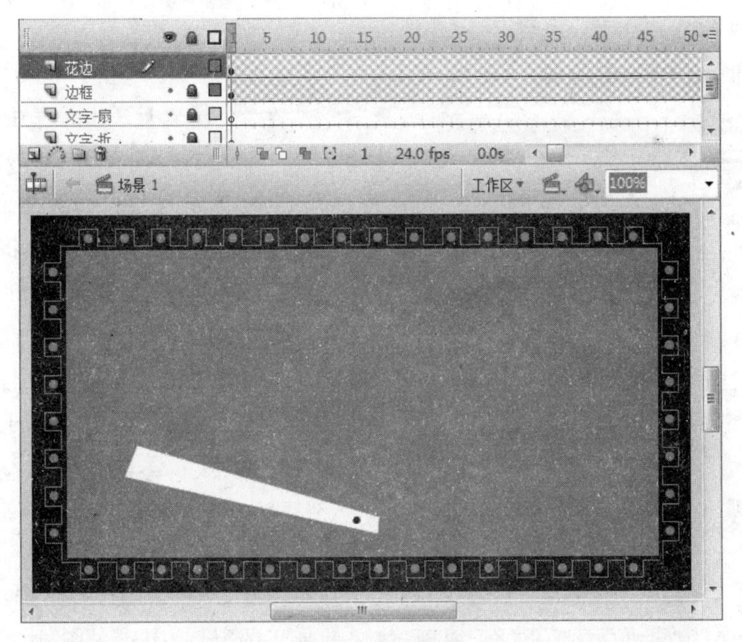

图 9-27 花边边框

(19) 在所有图层的第 129 帧插入普通帧，使动画的最后画面保持一定时间。至此全部完成，按下 Ctrl+Enter 组合键测试影片可看到图 9-1 所示的动画效果。

案例 9-2

设计和制作科技园宣传展示短片。

本案例主要练习 Flash 中图形的选择技巧、影片剪辑元件、图层、引导线动画和遮罩动画技术，设计和制作一个科技园展示短片的动画效果，如图 9-28 所示。动画主要的展示效果是：天空飞机飞过、公路汽车疾驰、园内湖水荡漾三个园区景色。

图 9-28　科技园短片动画效果

具体的操作步骤如下：

(1) 新建一个“Flash 文件(ActionScript 2.0)”类型的 Flash 文档，执行“修改”→“文档”命令，在“文档属性”对话框中修改文档尺寸为 770×420 像素，帧频为 24fps，背景颜色为“白色”，单击“确定”按钮，如图 9-29 所示。

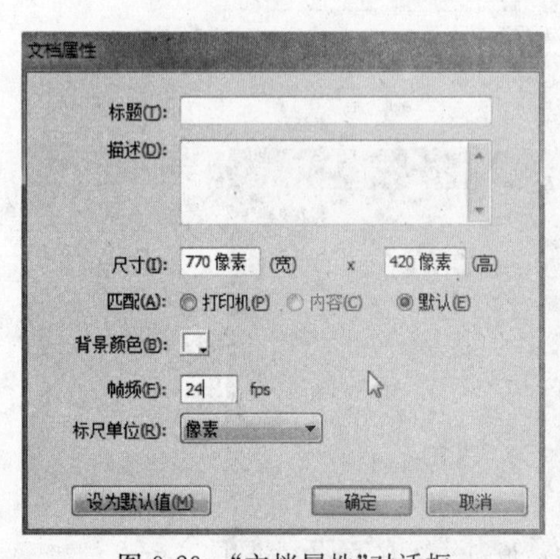

图 9-29　“文档属性”对话框

(2) 在“场景 1”编辑界面中将图层 1 改名为“背景”，接着执行“文件”→“导入”→“导入到舞台”命令，打开“导入”对话框。选择准备好的“科技园效果图.jpg”图片文件并导入到舞台，打开“属性”面板设置图片的坐标 x、y 都为 0，如图 9-30 所示。

(3) 首先制作园内湖水荡漾的动画效果，主要使用“影片剪辑”元件和遮罩动画技术完成。执行“插入”→“新建元件”命令，新建一个图形元件，命名为“湖面”。打开“库”面板，将之前导入的“科技园效果图.jpg”对象拖动至元件的编辑界面，执行“修改”→“分离”命令，效果如图 9-31 所示。

(4) 单击工具箱中的“钢笔工具”，笔触颜色为“红色”，笔触高度为“1”，在分离后的科技园效果图中按照湖面边界绘制曲线，如图 9-32 所示。

图 9-30　导入背景图片

图 9-31　制作湖面图形元件 1

图 9-32　制作湖面图形元件 2

(5) 单击工具箱中的“选择工具”，在图 9-32 所示效果图中绘制的湖面曲线外任一位置单击鼠标，则会选取“湖面”外的图像，按下 Delete 键删除，效果如图 9-33 所示。接着单击“湖面”边界红色曲线删除，效果如图 9-34 所示。

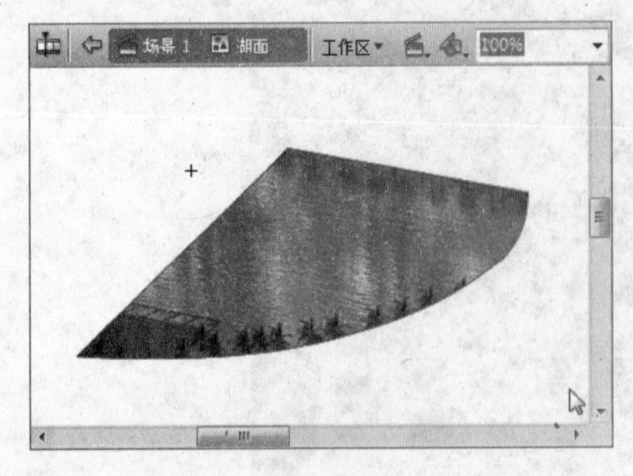

图 9-33 删除“湖面”外图像

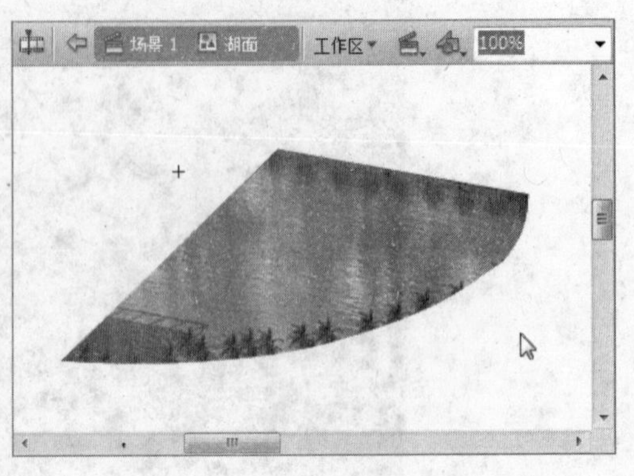

图 9-34 删除“湖面”边界

(6) 执行“插入”→“新建元件”命令，新建一个“影片剪辑”元件，命名为“水波动画”，进入影片剪辑元件的编辑界面。将图层 1 改名为“湖面”后选择其第一帧，从“库”面板中拖入“湖面”图形元件，如图 9-35 所示。新建图层并命名为“遮罩”，接着锁定“湖面”层，在“遮罩”层第一帧使用“矩形工具”，笔触颜色为“无”，填充颜色为“黑色”，绘制一个矩形条。接着使用“选择工具”靠近绘制的矩形条边线，将其变形为“弧形”，如图 9-36 所示。

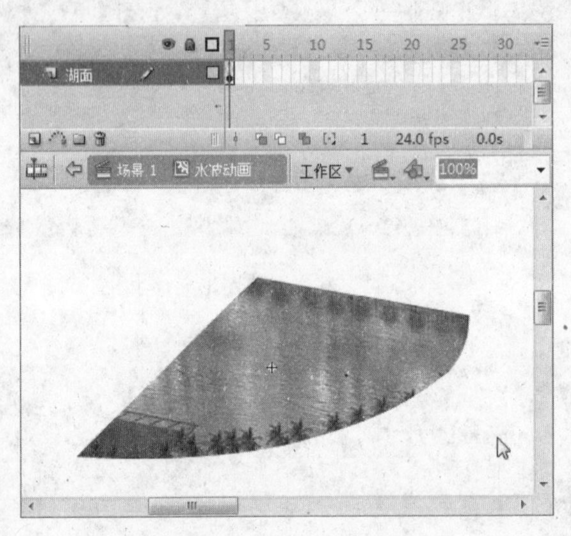

图 9-35 “水波动画”步骤 1

(7) 将第(6)步所绘制的弧形图形连续多次复制和移动，组织成像“竹帘”状的图形，全选后按 F8 键，转换为图形元件并命名为“水波条纹”。移动该图形元件使其下边界盖住“湖面”元件，如图 9-37 所示。

(8) 在“遮罩”图层的 200 帧按 F6 键插入关键帧，在“湖面”图层的 200 帧按 F5 键插入帧。选择 200 帧处的“水波条纹”元件，向下移动位置直到上边界盖住“湖面”元件为止。

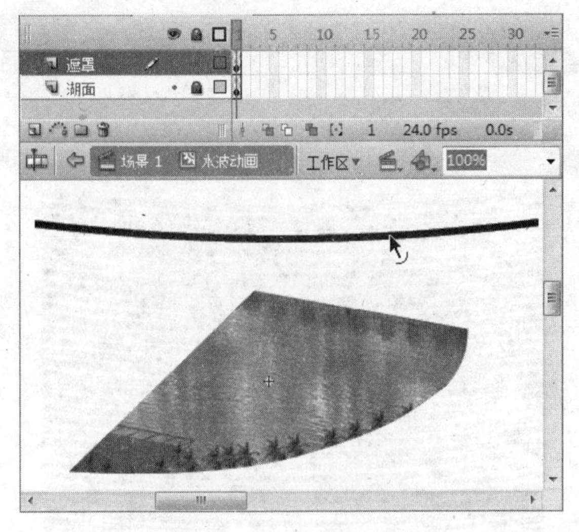

图 9-36 “水波动画”步骤 2

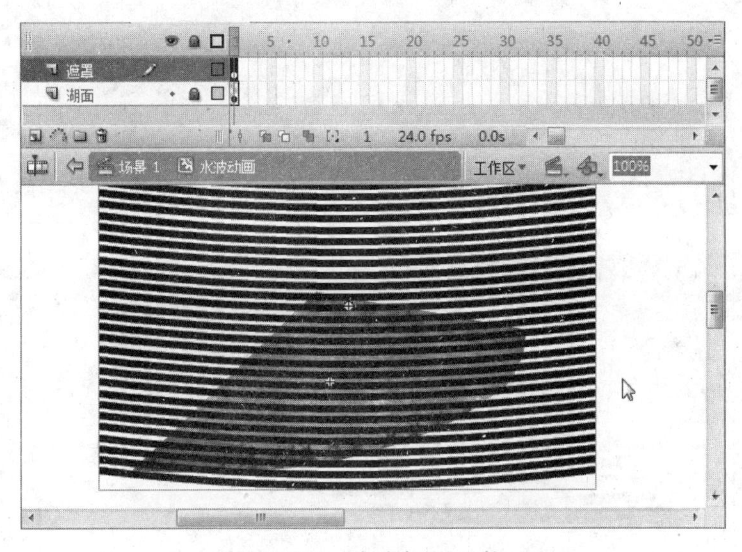

图 9-37 “水波条纹”元件

在“遮罩”图层的 1～200 帧之间任选一帧右击，从弹出的快捷菜单中选择“创建补间动画”命令，为“水波条纹”元件制作由上向下的运动补间动画，如图 9-38 所示。

(9) 用与第(8)步操作相同的方法，再为“水波条纹”元件制作由下向上的运动补间动画。在“遮罩”层和“湖面”层的 400 帧处分别插入关键帧和普通帧，将元件再向上移动直至下边界盖住“湖面”元件，然后为 200～400 帧创建运动补间动画。右击“遮罩”图层，从弹出的快捷菜单中选择“遮罩层”命令，制作遮罩动画效果，如图 9-39 所示。

(10) 单击“场景 1”回到场景的编辑界面，新建一层并命名为“湖水”，将“背景”图层锁定。选择“湖水”图层的第一帧，从“库”面板中将“水波动画”影片剪辑元件拖动至舞台，移

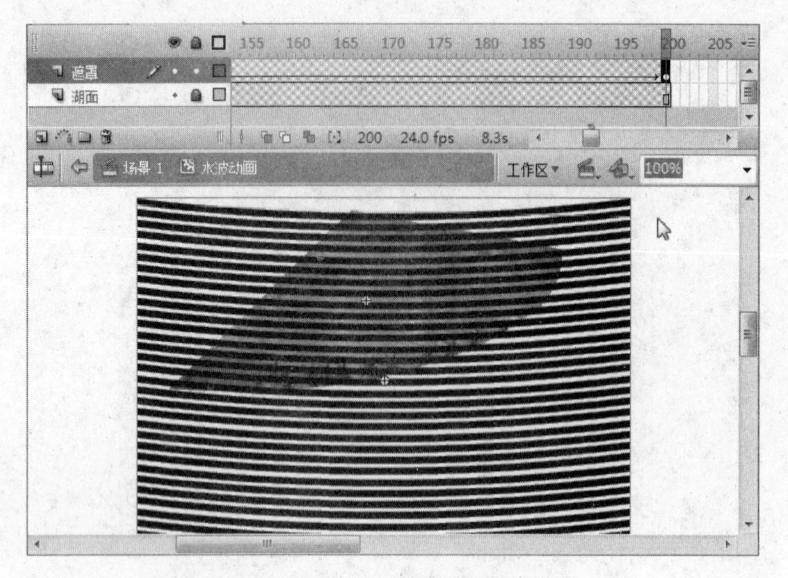

图 9-38 制作"水波条纹"的补间动画

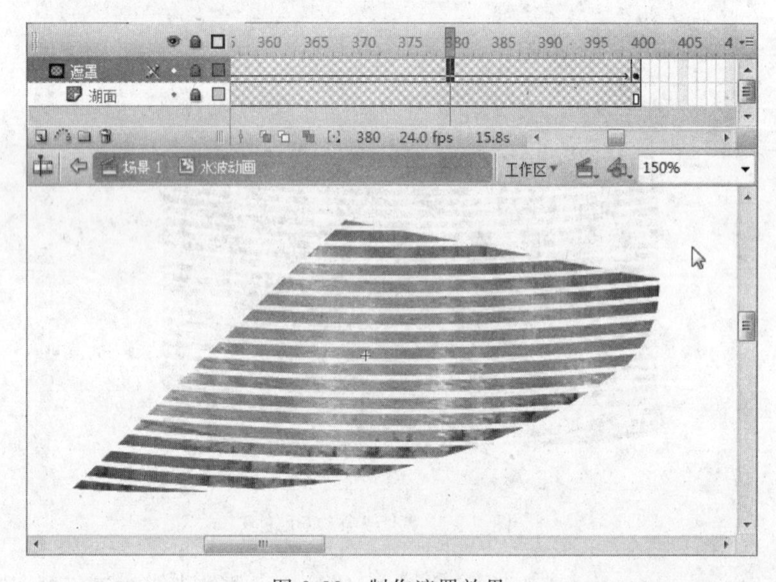

图 9-39 制作遮罩效果

动其位置到"背景"图层中图片中央"湖水"处，但不能完全重合，必须有一点位置偏差，否则就没有"水波荡漾"的动画效果了，如图 9-40 所示。

(11) 下面制作公路上疾驰的汽车动画。新建一个图形元件，名称为"小车"，导入准备好的汽车图片，如图 9-41 所示。

(12) 新建一个影片剪辑元件，名称为"公路汽车"，立即单击"场景 1"回到场景。新建图层并命名为"公路汽车"，并将其他图层都锁定。选择第一帧，从库中将"公路汽车"影片剪辑元件拖动至舞台，如图 9-42 所示。

图 9-40　制作"湖水"层

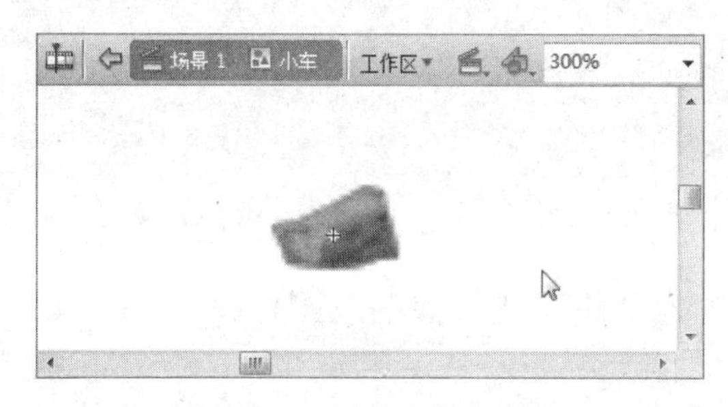

图 9-41　"小车"图形元件

图 9-42　将空白的影片剪辑放入场景

(13) 双击舞台中的“公路汽车”影片剪辑元件(图 9-42 中箭头所指标志),进入该元件的编辑状态,如图 9-43 所示。前述创建的“公路汽车”影片剪辑,如果当时就制作动画则很难确定动画的位置及运动长度,现在这种编辑状态会带有舞台参考,很容易解决这个问题。

图 9-43 带背景参考的元件编辑界面

(14) 打开“库”面板将“小车”元件拖动进“公路汽车”元件“图层 1”的第 1 帧,放置在“公路”右侧。在第 65 帧插入关键帧,移动第 65 帧的“小车”元件到“公路”左侧。为第 1～65 帧创建运动补间动画,如图 9-44 所示。

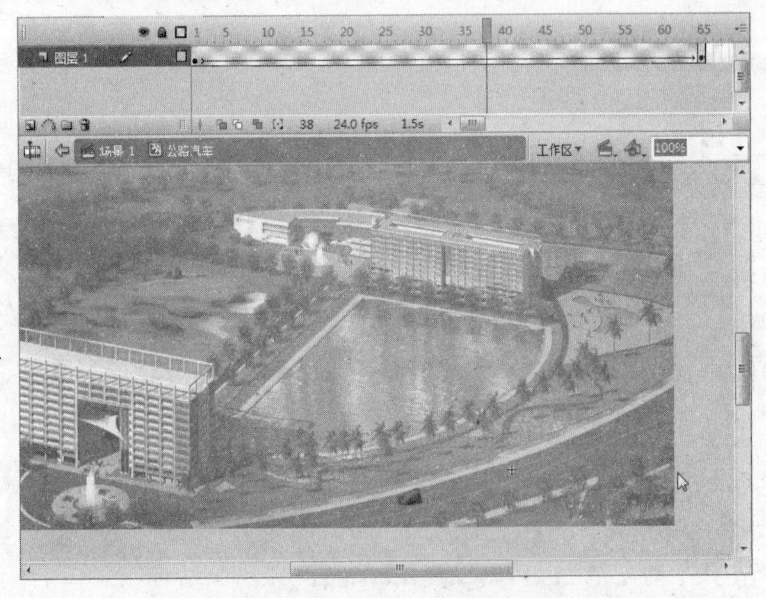

图 9-44 制作小车的运动补间动画

(15) 单击"添加运动引导层"按钮创建引导层,选择第 1 帧后在舞台中绘制一条直线,使用工具箱的"选择工具"将直线拉弯变成曲线。将"图层 1"补间动画中首尾两个关键帧的"小车"元件对齐引导线,如图 9-45 所示。

图 9-45　制作运动引导层

(16) 继续制作天空飞机经过的动画效果。新建一个图形元件,命名为"飞机",导入准备好的飞机图片,执行"修改"→"分离"命令将其打散,使用套索工具将"飞机"选取,将其他图像删除,效果如图 9-46 所示。

图 9-46　飞机元件

(17) 回到场景编辑界面,新建图层并命名为"飞机经过",将其他图层锁定。新建一个影片剪辑元件,命名为"飞机经过"。立即将其拖动至"飞机经过"图层第一帧并且双击它进入编辑状态。制作飞机经过引导线动画的方法与前述"公路汽车"动画效果的制作过程一样,也是在"图层 1"的首尾两个关键帧改变"飞机"元件的位置,然后创建运动补间动画。最后的制作界面如图 9-47 所示。

图 9-47 制作“飞机经过”影片剪辑

(18) 需要注意“飞机经过”影片剪辑的“图层 1”中首尾两个关键帧中,“飞机”元件的角度需要适度修改。最后按下 Ctrl+Enter 组合键测试影片。

验证性实验 9-1

设计并制作一个初始状态是展开的折扇,扇面上有花卉、小动物和文字。动画效果为花卉和小动物以及文字以某种先后次序淡出扇面,然后折扇慢慢收缩起来。

验证性实验 9-2

搜索和寻找一幅海底水景的图片,小鱼的 gif 图片,使用遮罩动画技术和运动引导线动画技术,设计和制作一个海底动态水波荡漾,小鱼沿路径游动的动画效果。

第10章 Dreamweaver 网页设计基础

实验10　Dreamweaver CS3 制作网页

实验目的

(1) 掌握网页设计的基本思路和流程。
(2) 掌握 Dreamweaver 网页设计工具的常用操作和技巧。
(3) 掌握使用表格进行网页布局的方法和常用操作。
(4) 掌握网页中插入图像、背景图像、鼠标经过图像、超链接等基本操作。

操作指导

案例10

网页设计课程教学网主页。

本案例主要运用 Photoshop 基本图片编辑技巧、网页布局基本知识、Dreamweaver 站点运用、表格布局技术、设置图片背景、插入图片、文字输入及排版等知识，设计和制作一个主题为网页设计教学的网站主页，如图 10-1 所示。

具体的操作步骤如下：

(1) 根据网站的主题思想及内容，规划主页的布局结构、导航菜单项、色彩风格，准备相关图片及文字资料。然后使用 Photoshop 等图像编辑工具制作出主页效果图，如图 10-2 所示。

(2) 执行“站点”→“新建站点”命令，打开“站点向导”对话框，选择“基本”选项卡，站点名称为“网页设计教学网”，主要属性依次设置为“不使用服务器技术”，“本地编辑完成后上传”，本例的文件存储位置为“E:\ WebSiteDesign”，完成新建站点。在右侧的“文件”面板中会看到创建好的站点，在“站点”下方空白处右击，分别创建一个 images 文件夹和一个 index. html 文件，如图 10-3 所示。双击 index. html 文件进入网页编辑界面。

(3) 执行“修改”→“页面属性”命令，打开“页面属性”对话框，修改左右上下边距都为 0 像素，如图 10-4 所示。切换 Dreamweaver 到“设计”视图下，按照图 10-2 所示的主页效果图，使用表格对主页进行布局。执行“插入”→“表格”命令，或者在“插入”栏的“常用”类别中单击“表格”按钮，打开“表格”对话框，根据设计好的主页效果图，布局表格先分为

图 10-1　教学网主页浏览效果

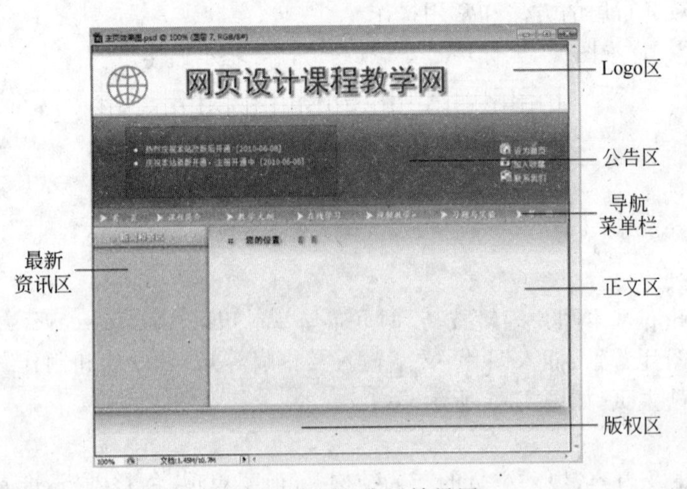

图 10-2　主页的布局效果图

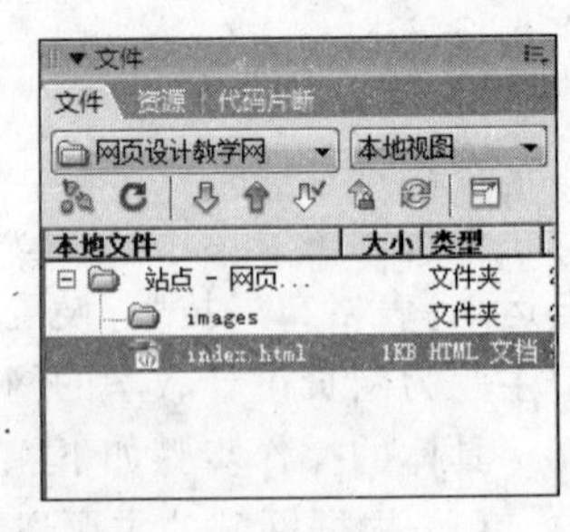

图 10-3　站点的初始设置

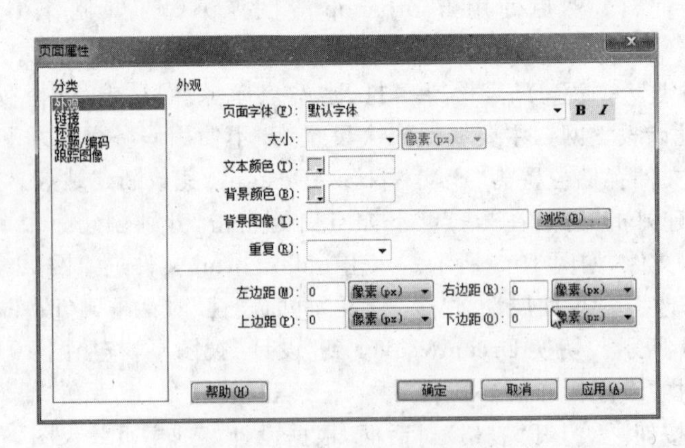

图 10-4　“页面属性”对话框

5行，每一行的内容规划根据需求而定，属性设置如图10-5所示。单击“确定”按钮插入表格，如图10-6所示。

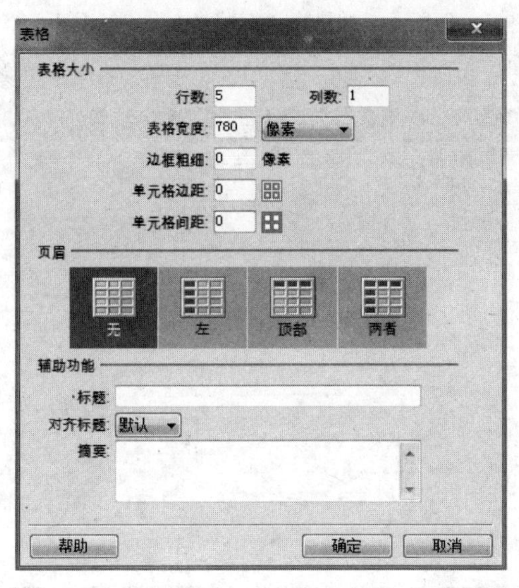

图10-5 “表格”对话框

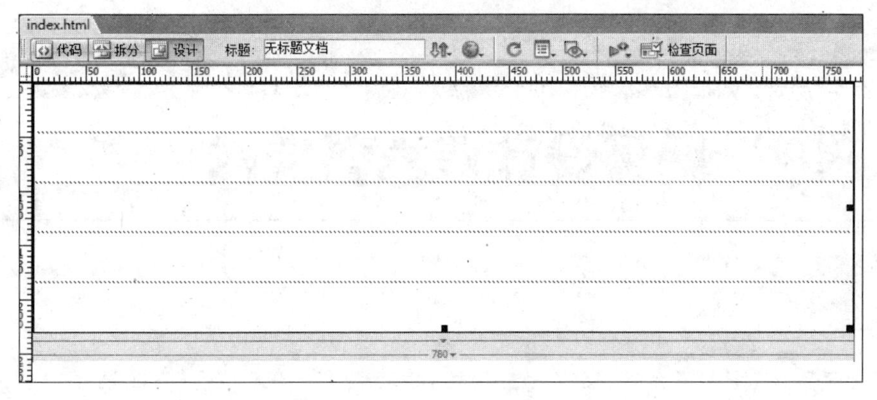

图10-6 插入表格

(4) 在Photoshop中将图10-2所示的效果图的顶部logo区域图像裁切，保存到当前站点目录下的images文件夹中，名为logo.jpg。查看图片的尺寸大小为180×112像素。单击表格第一行单元格后打开“属性检查器”，设置该单元格的宽为“780”，高为“112”像素，如图10-7所示。

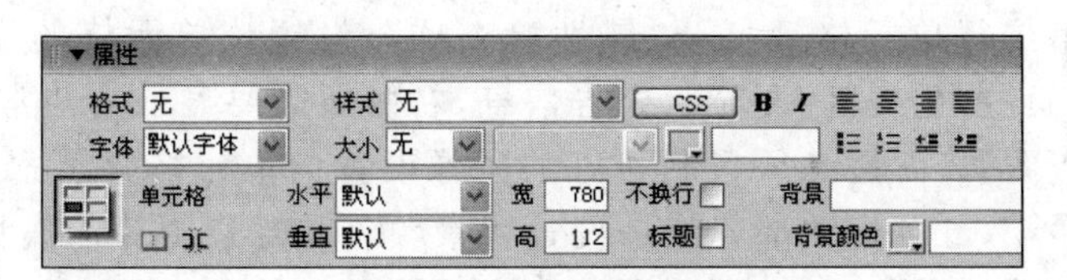

图10-7 单元格属性

(5) 将光标插入点定位于第一行单元格中，然后选择“插入”栏的“常用”类别，单击“图像”下拉箭头，选择“图像”选项，打开“选择图像源文件”对话框，选择前面保存的 logo.jpg 图片文件，如图 10-8 所示，单击“确定”按钮。在 Dreamweaver 的设计视图中会看到图 10-9 所示的界面。

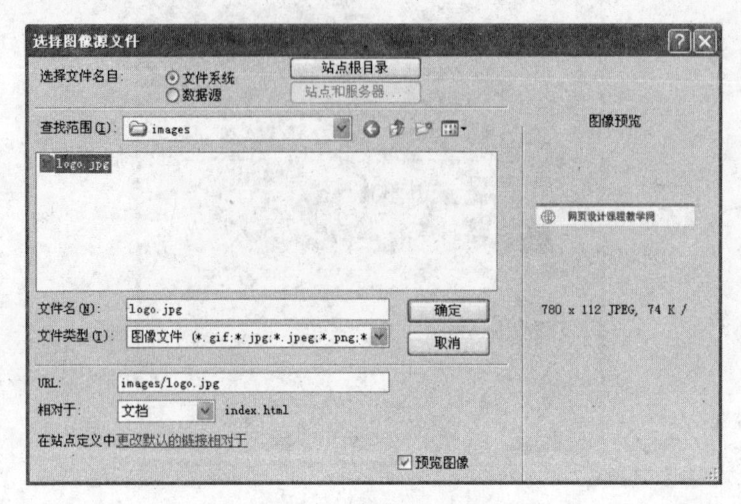

图 10-8　选择插入图像

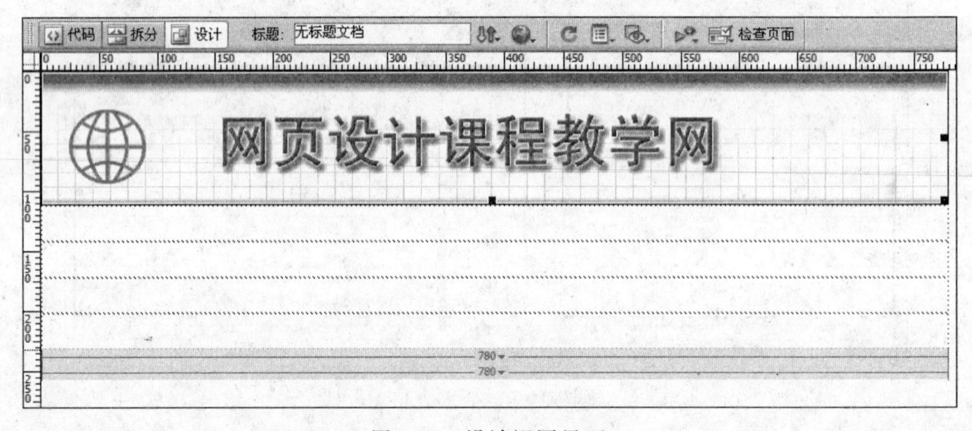

图 10-9　设计视图界面

(6) 接着制作图 10-2 所示的“公告区”部分，在 Photoshop 中只显示“公告区”图像的背景图层（效果图中有文字效果做背景图片不需要），然后将其裁切后保存到当前站点目录下的 images 文件夹中，名为 gg_bg.jpg。查看图片的尺寸大小为 180×145 像素。单击表格第二行单元格后打开“属性检查器”，设置该单元格的宽为“780”，高为“145”像素。主页的“公告区”要显示公告信息，右侧还需要显示一些常用链接，因此这里不能直接插入图像，而是必须将制作好的图像设置为单元格背景。打开图 10-10 所示的“属性检查器”，红色标注部分就是设置背景颜色和背景图片的属性。单击图中鼠标箭头所指按钮，打开图 10-11 所示的“选择图像源文件”对话框，选择 gg_bg.jpg 文件，单击“确定”按钮。

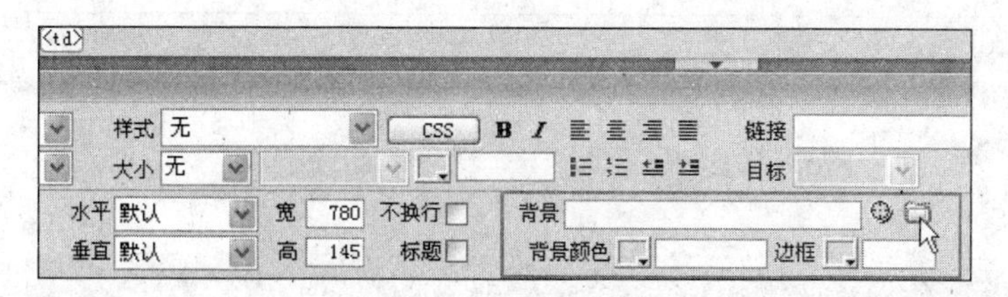

图 10-10　属性检查器

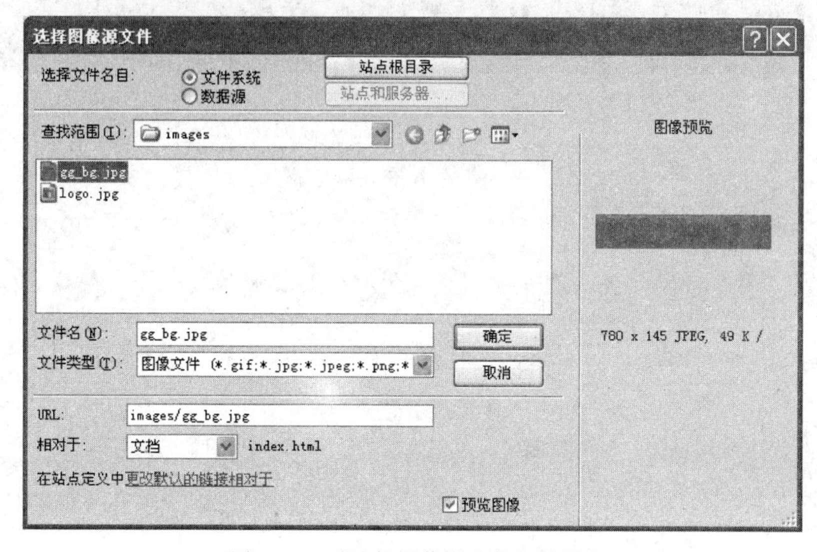

图 10-11　“选择图像源文件”对话框

(7)“公告区”中显示的公告信息及右侧常用链接信息需要准确方便地控制位置，这里使用嵌套表格技术来实现。将插入点定位于单元格中，在“插入”栏的“常用”类别中单击“表格”按钮▦，打开“表格”对话框，属性设置图 10-12 所示。单击“确定”按钮插入一个宽为 780 像素 1 行 4 列的表格，在设计视图中拖动单元格的边框线调整各个单元格宽度，使之与背景对应关系合理即可。选择该表格第一个单元格并打开“属性检查器”，将单元格的高度设置为 140 像素，Dreamweaver 的设计视图如图 10-13 所示。

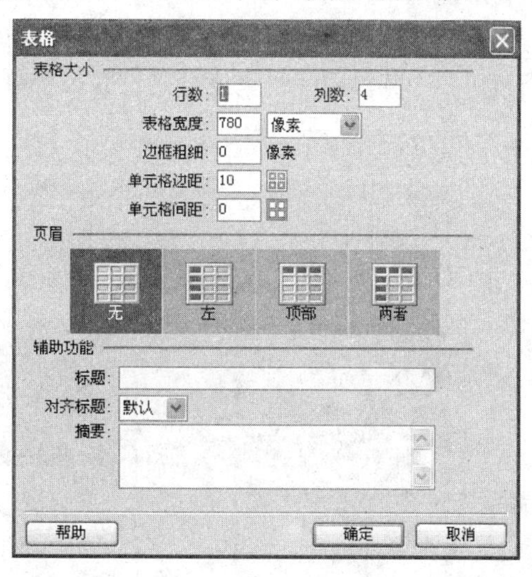

图 10-12　“表格”对话框

(8) 使用 Photoshop 将图 10-2 中所示的“菜单栏”部分每个菜单项分别按照白色文字和黑色文字制作一份，目的是制作鼠标经过改变图片效果。将每个菜单项的两份图像分别裁切为图片并保存在当前站点目录的 images 文件夹中，如图 10-14 所示。

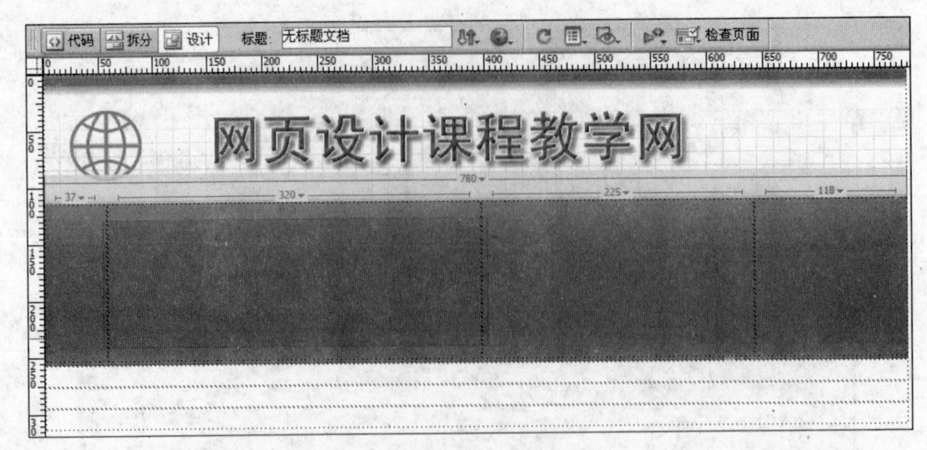

图 10-13　嵌套表格界面

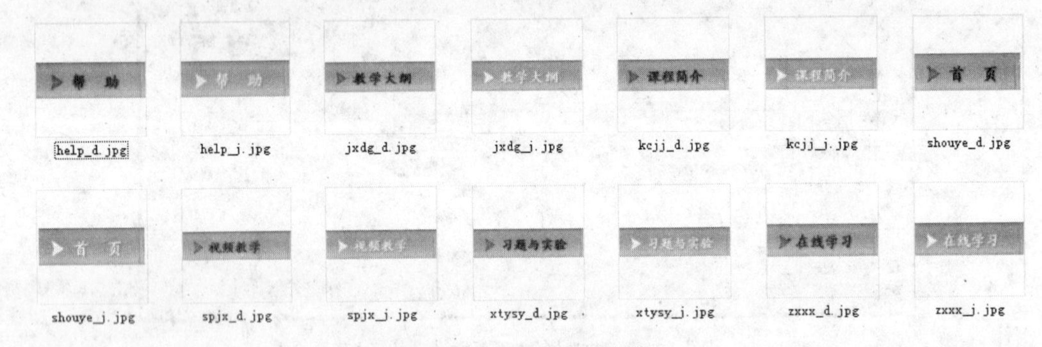

图 10-14　菜单图片制作

(9) 选择布局表格的第三行单元格，在“属性检查器”中将其高度设置为 31 像素(菜单图片高度)。与第(7)步操作类似，这里也需要准确控制各个菜单图片的位置，也是用嵌套表格技术实现。在此单元格中插入一个表格，表格对话框与图 10-12 类似，行数为 1，列数为 8，宽度为 780 像素，其他都为 0 像素。选择嵌套表格的第一个单元格，设置高度为 31 像素，然后按照各个菜单图片的宽度分别设置每个单元格的宽度值，最后效果如图 10-15 所示。

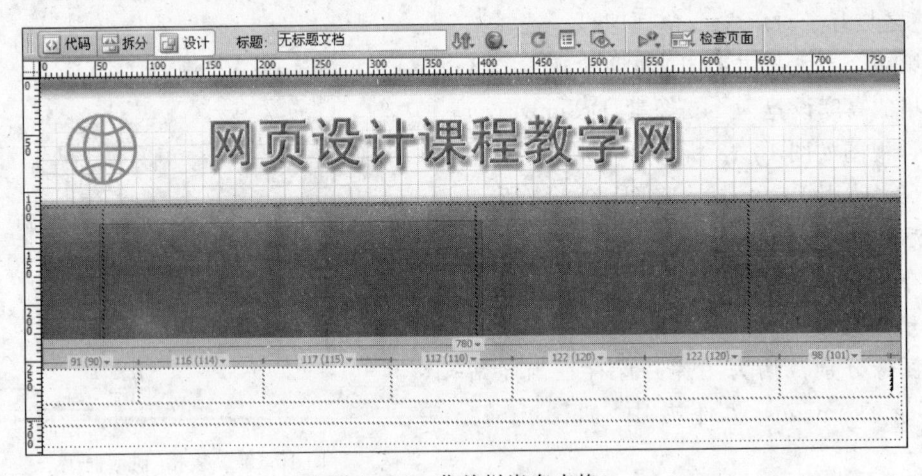

图 10-15　菜单栏嵌套表格

(10) 选择菜单栏的嵌套表格第一个单元格，单击“插入”栏“常用”类别中的“鼠标经过图像”按钮 鼠标经过图像，打开“插入鼠标经过图像”对话框。分别选择好“原始图像”(白色文字图片)和“鼠标经过图像”(黑色文字图片)，如图 10-16 所示，单击“确定”按钮。

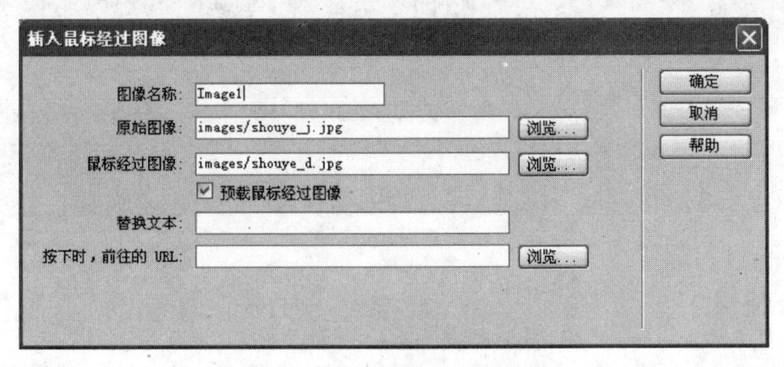

图 10-16　鼠标经过图像设置

(11) 为其他所有菜单都按照第(10)步操作方法进行设置，菜单栏最后一个单元格设置一个图片背景，所需图片是按照和效果图对应关系用 Photoshop 裁切好的一幅 2×31 像素的背景图片 menu_bg.jpg。设计视图效果如图 10-17 所示。此时如在浏览器中预览页面效果，会看到鼠标不指向菜单时显示白色，指向某菜单项时会显示黑色。

图 10-17　设计视图界面

(12) 接着制作“最新资讯区”和“正文区”，选择“菜单栏”下方的单元格，设置高度为 300 像素。插入一个嵌套表格，“表格”对话框与图 10-12 类似，行数为 1，列数为 2，宽度为 780 像素，其他都为 0 像素。按照 Photoshop 的主页设计图中“最新资讯区”和“正文区”宽度大小，设置此表格左右两个单元格宽度分别为 191 和 589 像素，高为 300 像素。设计视图界面如图 10-18 所示。

(13) 先制作“最新资讯区”，定位插入点到左侧单元格打开“属性检查器”，将“垂直”对齐属性设置为“顶端”，如图 10-19 所示。再次插入一个嵌套表格，行数为 2，列数为 1，宽度为 191 像素，其他都为 0 像素。在 Photoshop 中将“最新资讯区”的图像裁切为标题图片和背景图片两幅图，分别命名为 zxzx_title.jpg 和 zxzx_bg.jpg，如图 10-20 所示。然

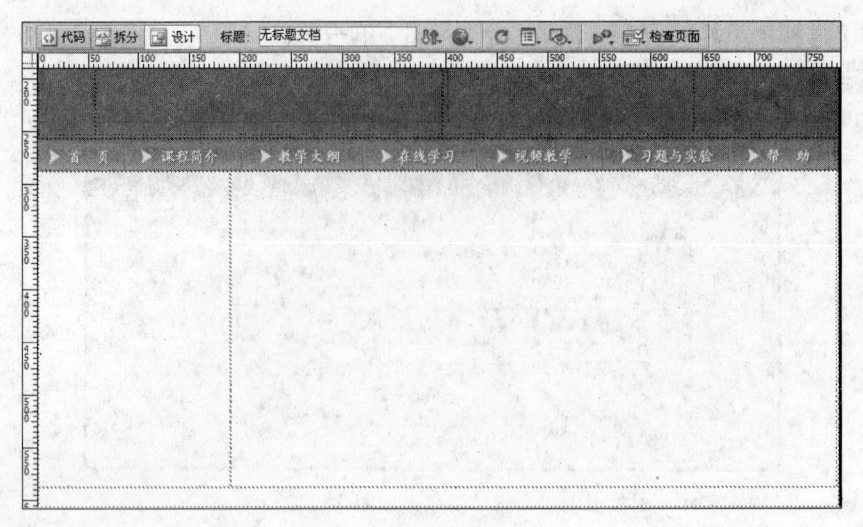

图 10-18　设计视图界面

后根据制作的图片尺寸将嵌套表格的第一行单元格高度设置为 43 像素，第二行单元格高度为 257 像素。设计视图界面如图 10-21 所示。

图 10-19　设置单元格对齐　　　　图 10-20　裁切图片

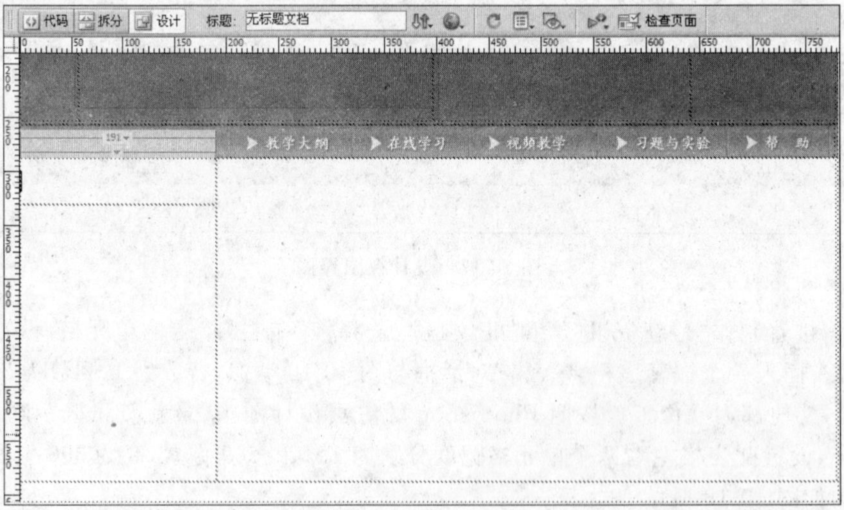

图 10-21　“最新资讯区”嵌套表格

(14) 为上述“最新资讯区”嵌套表格的第一行单元格插入制作好的标题图片 zxzx_title.jpg，为第二行的单元格设置背景图片为制作好的图片 zxzx_bg.jpg，设计视图显示界面如图 10-22 所示。

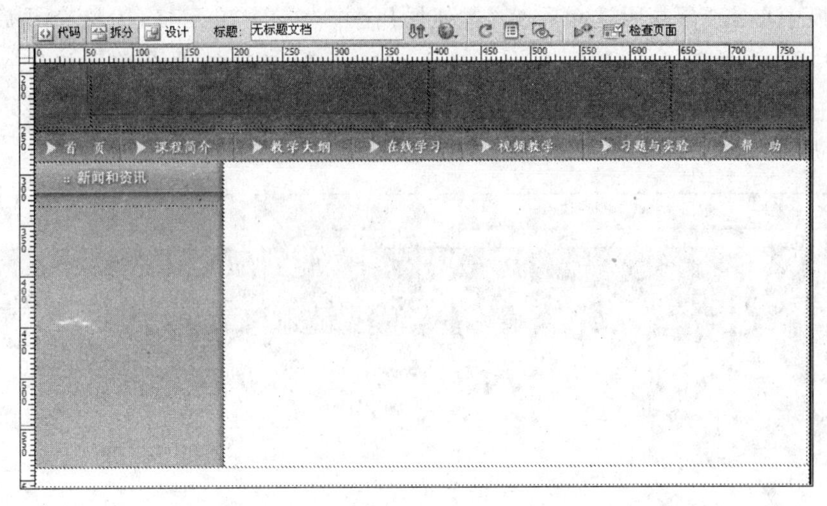

图 10-22 “最新资讯区”嵌套表格效果

(15) 图 10-22 所示的右侧空白区为本网首页的正文内容显示区域,定位插入点到这个单元格打开“属性检查器”,将“垂直”对齐属性设置为“顶端”。插入一个嵌套表格,行数为 2,列数为 3,宽度为 589 像素,其他都为 0 像素。在 Photoshop 中将“正文区”的标题部分裁切为一幅图像,分别命名为 zwq_title.jpg,如图 10-23 所示。然后根据制作的图片尺寸将嵌套表格的第一行单元格高度设置为 49 像素,第二行单元格高度为 251 像素,拖动列分割线调整 3 列的宽度分布。设计视图界面如图 10-24 所示。

图 10-23 “正文区”位置提示标题图

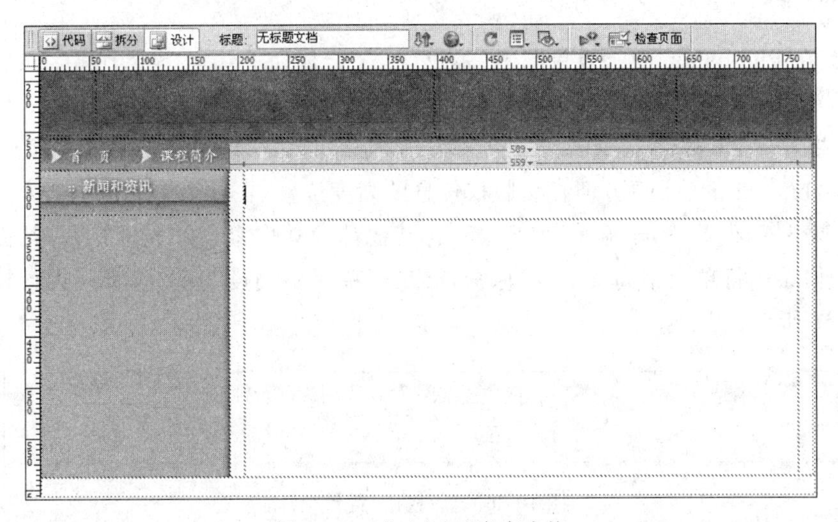

图 10-24 “正文区”嵌套表格

(16) 用鼠标拖动选择上述“正文区”嵌套表格的第一行 3 个单元格，在“属性检查器”面板中单击“合并所选单元格”按钮[合并按钮图标]合并为一个单元格，为该合并后的第一行单元格插入制作好的标题图片 zwq_title.jpg，为第二行的 3 个单元格统一设置颜色值为“#EFF2ED”（根据效果图的颜色而定）的背景颜色，设计视图显示界面如图 10-25 所示。

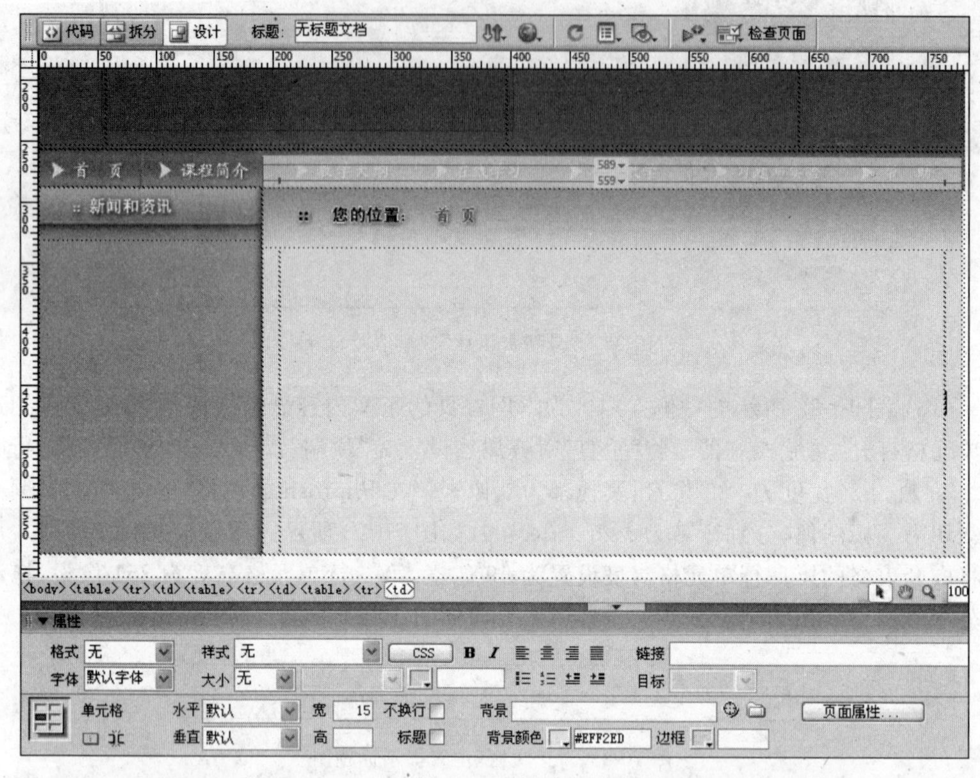

图 10-25 “正文区”嵌套表格图片及背景颜色

(17) 在 Photoshop 中将效果图中“版权区”部分裁切为图片 copyright_bg.jpg 保存在当前站点目录的 images 文件夹中，如图 10-26 所示。定位插入点在最后一行的“版权区”单元格中，在“属性检查器”面板中设置其高度为 81 像素，并设置背景图片为 copyright_bg.jpg。为了更方便控制版权信息的高度位置，在这个单元格中插入一个嵌套表格，行数为 2，列数为 1，宽度为 780 像素，其他都为 0 像素，在“属性检查器”面板中设置这个表格第一行单元格高度为 31 像素，第二行单元格高度为 50 像素。设计视图界面如图 10-27 所示。

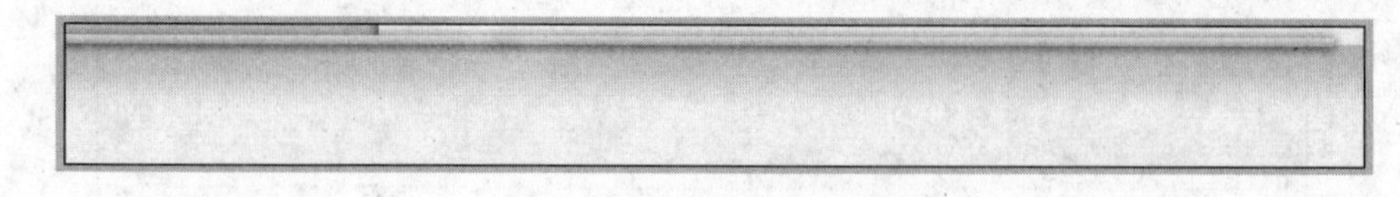

图 10-26 “版权区”背景图片

图 10-27 “版权区”嵌套表格

(18) 在编辑窗口和属性检查器之间的标签查看栏单击第一个“＜table＞”标签选择总布局表格，在“属性检查器”中设置“对齐”属性为“居中对齐”，如图 10-28 所示。至此界面布局设计已经完成，在浏览器中预览效果如图 10-29 所示。

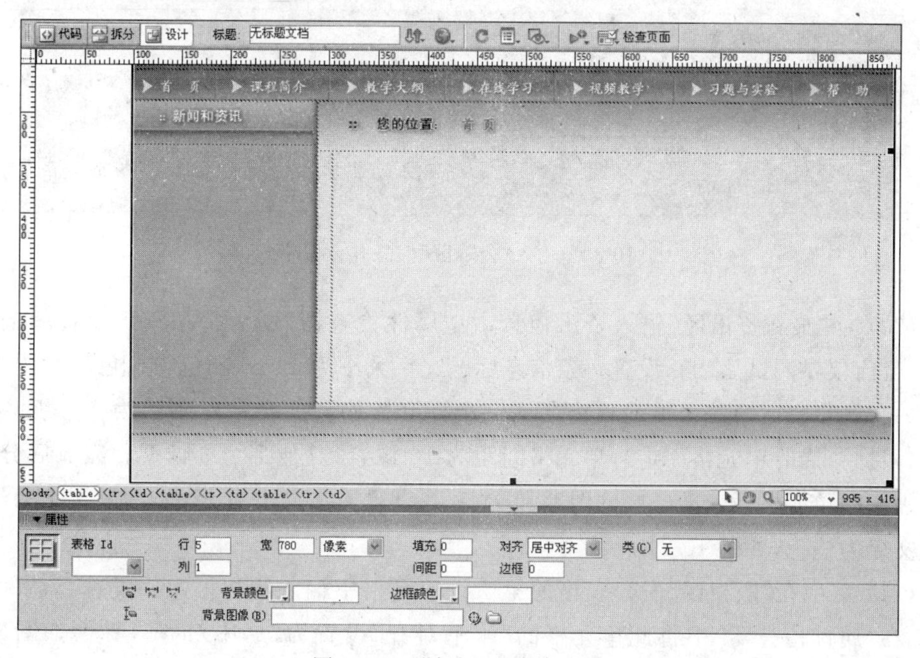

图 10-28 “版权区”嵌套表格

图 10-29 主页布局效果预览

(19) 在"公告区"左侧输入公告文字信息,在"公告区"右侧插入图表并且输入连接信息,设置文字大小为 12px,颜色为白色,如图 10-30 所示。

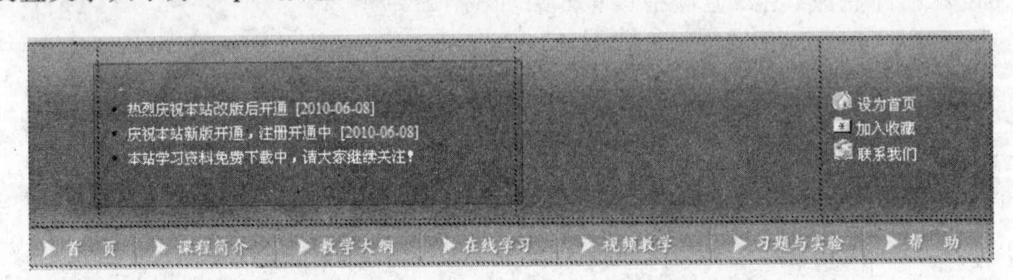

图 10-30 输入"公告区"信息并设置格式

(20) 在"最新资讯区"输入资讯信息,在"属性检查器"中为每条资讯设置超链接为"#"(目前仅供测试之用),设置每条信息标题文字大小为 12px,颜色为白色。在图 10-28 所示的右侧正文区第二个单元格内插入一个嵌套表格,行数为 2,列数为 2,宽度为 559 像素(根据布局时单元格而定),单元格间距为 10 像素,其他都为 0 像素。完成后分别给这个表格的单元格插入准备好的图片和文字,并设置文字大小为 12px,标题文字为红色,正文文字为黑色,如图 10-31 所示。

(21) 最后在"版权区"嵌套表格的第二行单元格中输入版权信息并设置合适的文字格式,在"属性检查器"中将此单元格的"水平对齐"设置为"居中对齐",界面如图 10-32 所示。

(22) 在浏览器中观看主页显示效果如图 10-1 所示。

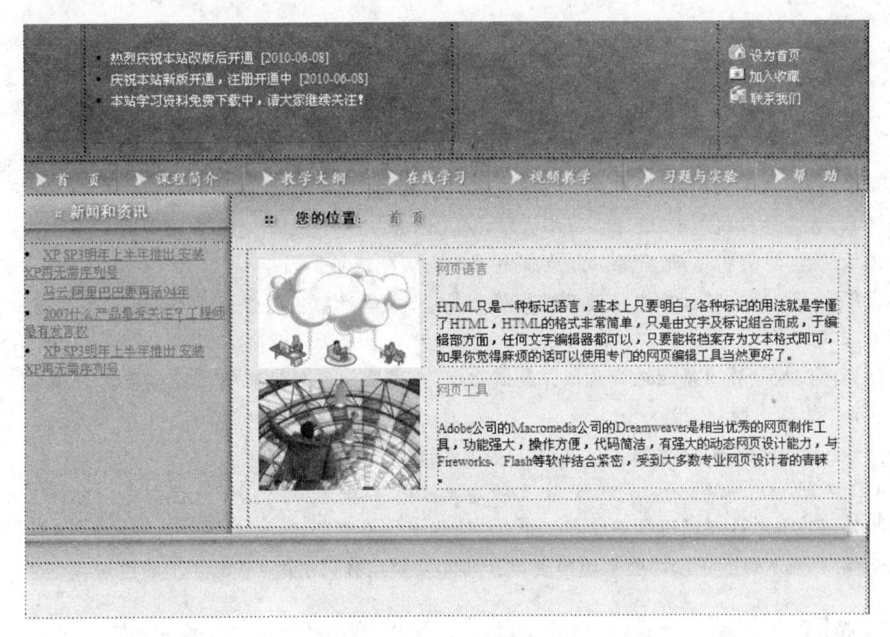

图 10-31 输入“正文区”图片、信息并设置格式

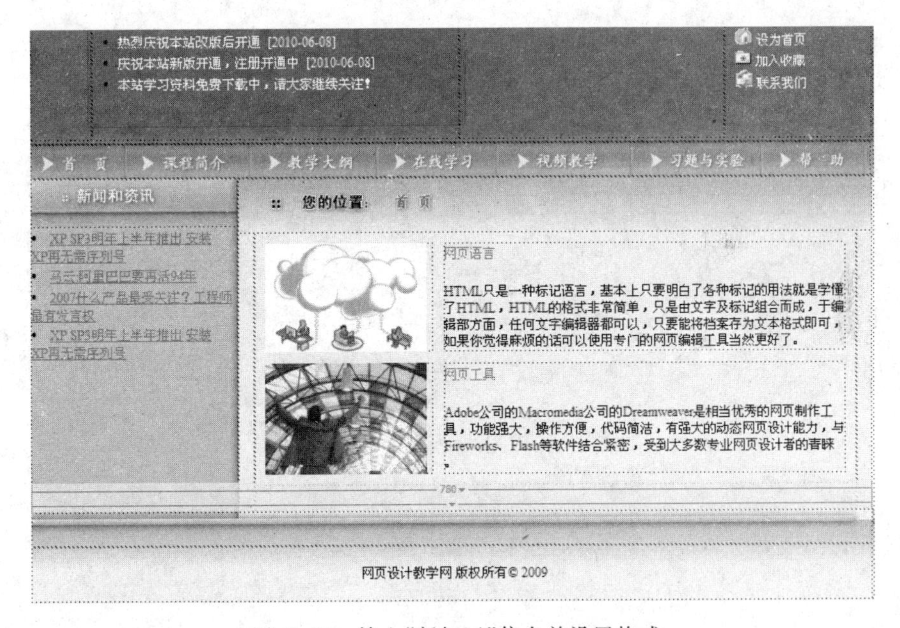

图 10-32 输入“版权区”信息并设置格式

验证性实验 10

按照本章教学网主页案例的布局风格、配色风格以及内容规划，设计制作二级页面（导航菜单打开后的页面），使用超级链接技术将主页和二级页面组织起来。

参考文献

[1] 蔡翠平.信息技术应用基础.北京：中国铁道出版社，2008.

[2] 冯博琴.大学计算机基础.北京：清华大学出版社，2009.

[3] 蒋加伏.大学计算机基础.北京：北京邮电大学出版社，2005.

[4] 教育部高等学校文科计算机基础教学指导委员会.大学计算机教学基本要求. 北京：高等教育出版社，2009.

[5] 中国高等院校计算机基础教育改革课题研究组.中国高等院校计算机基础教学课程体系 2008.北京：清华大学出版社，2008.

[6] 冯博琴.Access 数据库应用技术. 北京：中国铁道出版社，2006.

[7] Adobe 公司.Adobe Photoshop CS3 中文版经典教程.袁国忠译.北京：人民邮电出版社，2008.

[8] 田昭月.Flash CS3 动画设计自学通. 北京：清华大学出版社，2008.

[9] 刘小伟.Dreamweaver CS3 中文版网页设计与制作实用教程. 北京：电子工业出版社，2009.

高等学校计算机基础教育教材精选

书　名	书　号
Access 数据库基础教程　赵乃真	ISBN 978-7-302-12950-9
AutoCAD 2002 实用教程　唐嘉平	ISBN 978-7-302-05562-4
AutoCAD 2006 实用教程(第 2 版)　唐嘉平	ISBN 978-7-302-13603-3
AutoCAD 2007 中文版机械制图实例教程　蒋晓	ISBN 978-7-302-14965-1
AutoCAD 计算机绘图教程　李苏红	ISBN 978-7-302-10247-2
C++ 及 Windows 可视化程序设计　刘振安	ISBN 978-7-302-06786-3
C++ 及 Windows 可视化程序设计题解与实验指导　刘振安	ISBN 978-7-302-09409-8
C++ 语言基础教程(第 2 版)　吕凤翥	ISBN 978-7-302-13015-4
C++ 语言基础教程题解与上机指导(第 2 版)　吕凤翥	ISBN 978-7-302-15200-2
C++ 语言简明教程　吕凤翥	ISBN 978-7-302-15553-9
CATIA 实用教程　李学志	ISBN 978-7-302-07891-3
C 程序设计教程(第 2 版)　崔武子	ISBN 978-7-302-14955-2
C 程序设计辅导与实训　崔武子	ISBN 978-7-302-07674-2
C 程序设计试题精选　崔武子	ISBN 978-7-302-10760-6
C 语言程序设计　牛志成	ISBN 978-7-302-16562-0
PowerBuilder 数据库应用系统开发教程　崔巍	ISBN 978-7-302-10501-5
Pro/ENGINEER 基础建模与运动仿真教程　孙进平	ISBN 978-7-302-16145-5
SAS 编程技术教程　朱世武	ISBN 978-7-302-15949-0
SQL Server 2000 实用教程　范立南	ISBN 978-7-302-07937-8
Visual Basic 6.0 程序设计实用教程(第 2 版)　罗朝盛	ISBN 978-7-302-16153-0
Visual Basic 程序设计实验指导与习题　罗朝盛	ISBN 978-7-302-07796-1
Visual Basic 程序设计教程　刘天惠	ISBN 978-7-302-12435-1
Visual Basic 程序设计应用教程　王瑾德	ISBN 978-7-302-15602-4
Visual Basic 试题解析与实验指导　王瑾德	ISBN 978-7-302-15520-1
Visual Basic 数据库应用开发教程　徐安东	ISBN 978-7-302-13479-4
Visual C++ 6.0 实用教程(第 2 版)　杨永国	ISBN 978-7-302-15487-7
Visual FoxPro 程序设计　罗淑英	ISBN 978-7-302-13548-7
Visual FoxPro 数据库及面向对象程序设计基础　宋长龙	ISBN 978-7-302-15763-2
Visual LISP 程序设计(第 2 版)　李学志	ISBN 978-7-302-11924-1
Web 数据库技术　铁军	ISBN 978-7-302-08260-6
Web 技术应用基础 (第 2 版)　樊月华 等	ISBN 978-7-302-18870-4
程序设计教程(Delphi)　姚普选	ISBN 978-7-302-08028-2
程序设计教程(Visual C++)　姚普选	ISBN 978-7-302-11134-4
大学计算机(应用基础·Windows 2000 环境)　卢湘鸿	ISBN 978-7-302-10187-1
大学计算机基础　高敬阳	ISBN 978-7-302-11566-3
大学计算机基础实验指导　高敬阳	ISBN 978-7-302-11545-8
大学计算机基础　秦光洁	ISBN 978-7-302-15730-4
大学计算机基础实验指导与习题集　秦光洁	ISBN 978-7-302-16072-4
大学计算机基础　牛志成	ISBN 978-7-302-15485-3

大学计算机基础　訾秀玲　ISBN 978-7-302-13134-2
大学计算机基础习题与实验指导　訾秀玲　ISBN 978-7-302-14957-6
大学计算机基础教程(第2版)　张莉　ISBN 978-7-302-15953-7
大学计算机基础实验教程(第2版)　张莉　ISBN 978-7-302-16133-2
大学计算机基础实践教程(第2版)　王行恒　ISBN 978-7-302-18320-4
大学计算机技术应用　陈志云　ISBN 978-7-302-15641-3
大学计算机软件应用　王行恒　ISBN 978-7-302-14802-9
大学计算机应用基础　高光来　ISBN 978-7-302-13774-0
大学计算机应用基础上机指导与习题集　郝莉　ISBN 978-7-302-15495-2
大学计算机应用基础　王志强　ISBN 978-7-302-11790-2
大学计算机应用基础题解与实验指导　王志强　ISBN 978-7-302-11833-6
大学计算机应用基础教程(第2版)　詹国华　ISBN 978-7-302-19325-8
大学计算机应用基础实验教程(修订版)　詹国华　ISBN 978-7-302-16070-0
大学计算机应用教程　韩文峰　ISBN 978-7-302-11805-3
大学信息技术(Linux操作系统及其应用)　衷克定　ISBN 978-7-302-10558-9
大学计算机基础(文科)实践教程　杨冰　任强　袁佳乐　ISBN 978-7-302-24655-8
电子商务网站建设教程(第2版)　赵祖荫　ISBN 978-7-302-16370-1
电子商务网站建设实验指导(第2版)　赵祖荫　ISBN 978-7-302-16530-9
多媒体技术及应用　王志强　ISBN 978-7-302-08183-8
多媒体技术及应用　付先平　ISBN 978-7-302-14831-9
多媒体应用与开发基础　史济民　ISBN 978-7-302-07018-4
基于Linux环境的计算机基础教程　吴华洋　ISBN 978-7-302-13547-0
基于开放平台的网页设计与编程(第2版)　程向前　ISBN 978-7-302-18377-8
计算机辅助工程制图　孙力红　ISBN 978-7-302-11236-5
计算机辅助设计与绘图(AutoCAD 2007中文版)(第2版)　李学志　ISBN 978-7-302-15951-3
计算机软件技术及应用基础　冯萍　ISBN 978-7-302-07905-7
计算机图形图像处理技术与应用　何薇　ISBN 978-7-302-15676-5
计算机网络公共基础　史济民　ISBN 978-7-302-05358-3
计算机网络基础(第2版)　杨云江　ISBN 978-7-302-16107-3
计算机网络技术与设备　满文庆　ISBN 978-7-302-08351-1
计算机文化基础教程(第2版)　冯博琴　ISBN 978-7-302-10024-9
计算机文化基础教程实验指导与习题解答　冯博琴　ISBN 978-7-302-09637-5
计算机信息技术基础教程　杨平　ISBN 978-7-302-07108-2
计算机应用基础　林冬梅　ISBN 978-7-302-12282-1
计算机应用基础实验指导与题集　冉清　ISBN 978-7-302-12930-1
计算机应用基础题解与模拟试卷　徐士良　ISBN 978-7-302-14191-4
计算机应用基础教程　姜继忱　徐敦波　ISBN 978-7-302-18421-8
计算机硬件技术基础　李继灿　ISBN 978-7-302-14491-5
软件技术与程序设计(Visual FoxPro版)　刘玉萍　ISBN 978-7-302-13317-9
数据库应用程序设计基础教程(Visual FoxPro)　周山芙　ISBN 978-7-302-09052-6
数据库应用程序设计基础教程(Visual FoxPro)题解与实验指导　黄京莲　ISBN 978-7-302-11710-0
数据库原理及应用(Access)(第2版)　姚普选　ISBN 978-7-302-13131-1
数据库原理及应用(Access)题解与实验指导(第2版)　姚普选　ISBN 978-7-302-18987-9

数值方法与计算机实现　徐士良　ISBN 978-7-302-11604-2
网络基础及 Internet 实用技术　姚永翘　ISBN 978-7-302-06488-6
网络基础与 Internet 应用　姚永翘　ISBN 978-7-302-13601-9
网络数据库技术与应用　何薇　ISBN 978-7-302-11759-9
网络数据库技术实验与课程设计　舒后 何薇
网页设计创意与编程　魏善沛　ISBN 978-7-302-12415-3
网页设计创意与编程实验指导　魏善沛　ISBN 978-7-302-14711-4
网页设计与制作技术教程(第 2 版)　王传华　ISBN 978-7-302-15254-8
网页设计与制作教程（第 2 版）　杨选辉　ISBN 978-7-302-10686-9
网页设计与制作实验指导（第 2 版）　杨选辉　ISBN 978-7-302-10687-6
微型计算机原理与接口技术(第 2 版)　冯博琴　ISBN 978-7-302-15213-2
微型计算机原理与接口技术题解及实验指导(第 2 版)　吴宁　ISBN 978-7-302-16016-8
现代微型计算机原理与接口技术教程　杨文显　ISBN 978-7-302-12761-1
新编 16/32 位微型计算机原理及应用教学指导与习题详解　李继灿　ISBN 978-7-302-13396-4